Praktische Tragwerkslehre

Bemessungshilfen
Aufgaben
Lösungen

Von Prof. Dipl.-Ing. Heinz Arnold

*Meinem Freund Udo Vogel
und seinen Partnern
mit herzlichen Grüßen
vom Verfasser überreicht*

Regensburg, 11.6.87

Heinz Arnold

Werner-Verlag

1. Auflage 1987

CIP-Kurztitelaufnahme der Deutschen Bibliothek

Arnold, Heinz:
Praktische Tragwerkslehre :
Bemessungshilfen, Aufgaben, Lösungen /
von Heinz Arnold. - 1. Aufl. - Düsseldorf : Werner,
1987.
ISBN 3-8041-1015-0

ISB N 3-8041-1015-0

© Werner-Verlag GmbH · Düsseldorf · 1987
Printed in Germany
Alle Rechte, auch das der Übersetzung, vorbehalten.
Ohne ausdrückliche Genehmigung des Verlages ist es auch nicht gestattet,
dieses Buch oder Teile daraus auf fotomechanischem Wege
(Fotokopie, Mikrokopie) zu vervielfältigen.
Zahlenangaben ohne Gewähr
Archiv-Nr.: 747-1.87
Bestell-Nr.: 10150

Inhaltsverzeichnis

Vorwort V

Teil A Bemessungshilfen

Einleitung .... A 1

Dachkonstruktionen

    Sparren von Pfettendächern .... A 2
    Pfetten .... A 3
    Sparrendächer .... A 4
    Kehlbalkendächer .... A 5
    Brettschichtträger .... A 6
    Fachwerkbinder aus Holz .... A 7
    Fachwerkbinder aus Stahl (Hohlprofile) .... A 8
    Fachwerkbinder aus Stahl (Fortsetzung) .... A 9

Decken

    Decken aus Bimsbeton, Gasbeton, Stahltrapezblechen .... A 10
    Balkendecken, Rippendecken, Verbunddecken .... A 11
    Holzbalkendecken für Wohnräume .... A 12
    Stahlbetonplatten .... A 13

Träger und Balken

    Stahlbetonbalken .... A 14
    Brettschichtträger .... A 15
    Holzbalken .... A 16
    Holzbalken (Fortsetzung) .... A 17
    IPE-Stahlträger .... A 18
    IPBl-Stahlträger .... A 19
    IPB-Stahlträger .... A 20
    IPBv-Stahlträger .... A 21

Stützen und Wände

    Stützen aus Stahlbeton .... A 22
    Quadratische Stahlbetonstützen .... A 23
    Stahlstützen (IPE, IPBl, IPB, IPBv) .... A 24
    Stahlstützen aus Hohlprofilen .... A 25
    Wände aus Mauerwerk .... A 26
    Holzstützen .... A 27
    Pendelstützen aus Brettschichtholz .... A 28
    Einspannstützen aus Brettschichtholz .... A 29
    Einspannstützen aus Stahl und Stahlbeton mit Fundamenten .... A 30

Fundamente

    Fundamente für Einspannstützen .... A 30

    Streifenfundamente aus Beton für Wohnhäuser .... A 31

Rahmen

    Dreigelenkrahmen aus Brettschichtholz .... A 32

    Zweigelenkrahmen aus IPE-Profilen .... A 33

Teil B Aufgaben

Einleitung und stoffliche Gliederung .... B 1

Aufgaben .... B 3

Teil C Lösungen

Einleitung und stoffliche Gliederung .... B 1

Lösungen .... C 1

Teil D

Stichwortverzeichnis .... D 1

Vorwort

Das vorliegende Buch wendet sich in erster Linie an die Studenten der Fachrichtung Architektur, aber auch an berufstätige Architekten.

Diese Personengruppe hat oft Schwierigkeiten mit der Tragwerkslehre. Vielfach ist es nur die Abneigung gegen "das Rechnen", gelegentlich wird die Tragwerkslehre auch als trockene, abstrakte Strich- und Dreieckswissenschaft empfunden, der man als kreativer Mensch am liebsten aus dem Wege geht.

Andererseits gibt es kaum einen Architekten, der die Wichtigkeit der Tragwerkslehre nicht erkennt. Architektur ist ohne Tragwerk nicht möglich; diese Tatsache ist unabhängig von der Meinung zu diesem Thema.

Die nachfolgenden Bemessungshilfen, Übungsaufgaben und Lösungshinweise sollen das Interesse für dieses Fachgebiet wecken und das Verständnis für statische Zusammenhänge steigern.

Auch für Bauingenieure kann das Buch nützlich sein, wenn Grundlagenkenntnisse aufgefrischt werden müssen oder rasche Vorbemessungen verlangt sind.

Bemerkenswerte und beispielhafte Bauten entstehen meist nur dann, wenn alle am Bau Beteiligten gut zusammenarbeiten.

Architekt und Bauingenieur sollten sich dabei der gleichen Sprache bedienen und die fachlichen Argumente des anderen verstehen können.

In diesem Sinne wünsche ich dem Buch einen guten Start und bedanke mich bei Herrn Prof. K.-J. Schneider, Fachhochschule Bielefeld, Abt. Minden, für manchen wertvollen Hinweis und beim Werner-Verlag für die gute Zusammenarbeit.

Regensburg, im Januar 1987   Heinz Arnold

Teil A   Bemessungshilfen

Einleitung

Der berufstätige Architekt und der Student der Fachrichtung Architektur brauchen bei ihrer Entwurfs- und Konstruktionsarbeit Hilfsmittel, die ihnen rasch und möglichst präzise die erforderlichen Abmessungen der entworfenen Tragwerksteile liefern.

Der genaue statische Nachweis erfolgt in der Regel später durch den Bauingenieur. Bei dieser Berechnung sollten nach Möglichkeit keine größeren Änderungen am Tragwerk notwendig werden, weil sonst eventuell schon fertige Detailpläne geändert werden müssen.

Aus dieser Zielrichtung heraus sind die Tafeln im Teil A entstanden, wobei zum Teil auf schon vorhandene Literatur zurückgegriffen wurde.

Sparren von Pfettendächern (ohne Durchlaufwirkung)

Nadelholz Gkl.II

g + s = 1,75 kN/m² Gfl.

Staudruck (Wind) q_w = 0,80 kN/m²

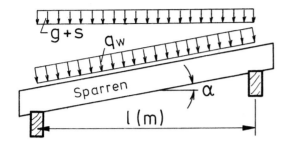

mögliche Lastkombinationen:

Wellplatten	0,25 kN/m²Dfl.
Sparren	0,10 kN/m²Dfl.
Ausbau	0,40 kN/m²Dfl.
	0,75 kN/m²
0,75:cos 25°=0,83 kN/m²Gfl.	
Schnee	0,92 kN/m²Gfl.
g + s	= 1,75 kN/m²Gfl.

Falzziegel	0,55 kN/m²Dfl.
Sparren	0,08 kN/m²Dfl.
Ausbau	0,35 kN/m²Dfl.
	0,98 kN/m²
0,98:cos 12°=1,00 kN/m²Gfl.	
Schnee	0,75 kN/m²Gfl.
g + s	= 1,75 kN/m²Gfl.

l (m)	Sparren-abstand (m)	Sparrenquerschnitt in cm/cm bei einer Dachneigung von									
		5°	10°	15°	20°	25°	30°	35°	40°	45°	50°
2,5	1,0	6/12	6/12	6/12	6/13	6/13	6/14	6/14	6/15	6/16	6/17
	0,9	6/12	6/12	6/12	6/12	6/12	6/13	6/13	6/14	6/15	6/16
	0,8	6/12	6/12	6/12	6/12	6/12	6/12	6/13	6/14	6/15	6/16
	0,7	6/11	6/11	6/11	6/11	6/12	6/12	6/12	6/13	6/14	6/15
3,0	1,0	6/15	6/15	6/15	6/15	6/16	6/16	6/17	6/18	7/18	7/19
	0,9	6/14	6/14	6/14	6/14	6/15	6/15	6/16	6/17	6/18	7/19
	0,8	6/13	6/13	6/13	6/14	6/14	6/15	6/15	6/16	6/17	7/18
	0,7	6/13	6/13	6/13	6/13	6/14	6/14	6/15	6/15	6/17	6/18
3,5	1,0	6/17	6/17	6/17	6/17	6/18	7/17	7/18	7/19	7/21	8/21
	0,9	6/16	6/16	6/16	6/16	6/17	6/18	6/18	7/19	7/20	8/21
	0,8	6/15	6/15	6/15	6/16	6/16	6/17	6/18	7/18	7/19	7/21
	0,7	6/15	6/15	6/15	6/15	6/16	6/16	6/17	6/18	7/18	7/20
4,0	1,0	7/18	7/18	7/18	7/18	7/19	7/20	7/21	8/21	8/23	8/24
	0,9	6/18	6/18	6/18	7/18	7/18	7/19	7/20	7/21	8/22	8/24
	0,8	6/17	6/17	6/18	6/18	7/18	7/18	7/19	7/20	8/21	8/23
	0,7	6/17	6/17	6/17	6/17	6/18	7/18	7/18	7/19	7/21	8/22
4,5	1,0	7/20	7/20	7/20	7/20	8/20	8/21	8/22	8/23	9/24	9/26
	0,9	7/19	7/19	7/19	7/20	7/21	7/21	8/21	8/23	8/24	9/25
	0,8	7/18	7/19	7/19	7/19	7/20	7/21	7/21	8/22	8/24	9/24
	0,7	7/18	7/18	7/18	7/18	7/19	7/20	7/20	8/21	8/23	8/24
5,0	1,0	8/21	8/21	8/21	8/22	8/23	8/24	8/24	9/25	9/27	10/28
	0,9	7/21	7/21	8/21	8/21	8/22	8/23	8/24	9/24	9/26	10/27
	0,8	7/20	7/21	7/21	7/21	8/21	8/22	8/23	8/24	9/25	9/27
	0,7	7/20	7/20	7/20	7/20	7/21	8/21	8/22	8/23	9/24	9/26

Pfetten (freiaufliegend)

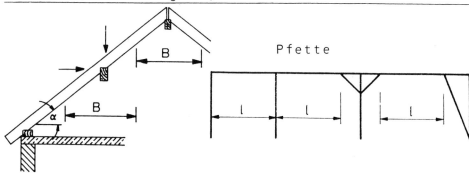

Nadelholz Gkl. II
$g + s = 1{,}75$ kN/m² (einschl. Pfette)
Staudruck $q_w = 0{,}8$ kN/m²

Belastungs-breite B (m)	Stützweite l (m)	Pfettenquerschnitt bei einer Dachneigung von				
		15°	22,5°	30°	37,5°	45°
2,5	2,0	10/12	10/13	10/14	10/16	10/18
	2,5	10/16	10/17	10/18	10/20	12/20
	3,0	10/18	10/20	12/20	12/22	14/22
	3,5	12/20	12/22	14/22	14/24	14/26
	4,0	12/22	12/24	14/24	14/26	14/28
3,0	2,0	10/14	10/15	10/16	10/18	12/18
	2,5	10/18	12/18	12/18	12/20	12/22
	3,0	12/18	12/20	12/22	12/24	14/24
	3,5	12/22	12/24	14/24	14/26	16/26
	4,0	14/22	14/24	14/26	14/28	16/28
3,5	2,0	10/16	10/17	10/18	12/18	12/18
	2,5	10/18	10/20	12/20	12/22	14/22
	3,0	12/20	12/22	14/22	14/24	14/26
	3,5	14/22	14/24	14/26	14/28	16/28
	4,0	14/24	14/26	14/28	14/30	16/30
4,0	2,0	10/16	10/17	10/18	10/20	12/20
	2,5	12/18	12/20	12/22	14/22	14/22
	3,0	12/22	12/24	14/24	14/26	16/26
	3,5	14/24	14/26	16/26	16/28	16/30
	4,0	14/26	16/26	16/28	16/30	18/30
4,5	2,0	10/16	12/16	12/16	12/20	12/22
	2,5	12/20	12/22	12/22	12/24	14/24
	3,0	12/22	12/24	14/24	16/26	16/28
	3,5	14/24	14/26	16/26	18/28	18/30
	4,0	14/26	16/28	18/28	18/30	20/30
5,0	2,0	10/18	12/18	12/18	12/20	12/22
	2,5	12/20	12/22	14/22	14/24	14/26
	3,0	14/22	14/24	14/26	14/28	16/28
	3,5	14/26	14/28	16/28	16/30	20/30
	4,0	16/28	16/30	18/30	20/30	24/30

entnommen aus: INFORMATIONSDIENST HOLZ, Hausdächer

A 3

Sparrendächer

Nadelholz Gkl.II

- Eigenlast: g = 0,70 kN/m² Dfl.
- Schneelast: s = 0,75 kN/m² Gfl.
- Staudruck (Wind): q_w = 0,80 kN/m² Dfl.

l (m)	α	h (m)	e* (m)	b/d (cm/cm)	l (m)	α	h (m)	e* (m)	b/d (cm/cm)	l (m)	α	h (m)	e* (m)	b/d (cm/cm)
7,0	30°	2,02	1,0	6/18	8,0	30°	2,31	1,0	7/18	9,0	30°	2,60	1,0	7/20
			0,9	6/18				0,9	7/18				0,9	7/20
			0,8	6/17				0,8	6/18				0,8	7/19
			0,7	6/16				0,7	6/17				0,7	7/18
7,0	35°	2,45	1,0	7/17	0,8	35°	2,80	1,0	7/19	9,0	35°	3,15	1,0	7/21
			0,9	7/16				0,9	7/18				0,9	7/20
			0,8	6/16				0,8	6/18				0,8	7/20
			0,7	6/16				0,7	6/17				0,7	7/19
7,0	40°	2,94	1,0	7/18	8,0	40°	3,36	1,0	7/20	9,0	40°	3,78	1,0	8/21
			0,9	7/18				0,9	7/19				0,9	8/21
			0,8	7/17				0,8	7/18				0,8	7/21
			0,7	7/16				0,7	7/18				0,7	7/20
7,0	45°	3,50	1,0	7/20	8,0	45°	4,00	1,0	7/21	9,0	45°	4,50	1,0	8/23
			0,9	7/19				0,9	7/20				0,9	8/22
			0,8	7/18				0,8	7/20				0,8	8/21
			0,7	7/17				0,7	7/19				0,7	8/20
10	30°	2,89	1,0	8/22	11	30°	3,18	1,0	8/24	12	30°	3,46	1,0	9/25
			0,9	8/21				0,9	8/23				0,9	9/24
			0,8	8/20				0,8	8/22				0,8	8/24
			0,7	7/20				0,7	8/21				0,7	8/23
10	35°	3,50	1,0	8/22	11	35°	3,85	1,0	9/24	12	35°	4,20	1,0	9/26
			0,9	8/21				0,9	8/24				0,9	9/25
			0,8	8/21				0,8	8/23				0,8	9/24
			0,7	7/20				0,7	8/22				0,7	9/23
10	40°	4,20	1,0	9/23	11	40°	4,62	1,0	9/25	12	40°	5,04	1,0	9/27
			0,9	8/23				0,9	9/24				0,9	9/26
			0,8	8/22				0,8	9/23				0,8	9/25
			0,7	8/21				0,7	9/23				0,7	9/24
10	45°	5,00	1,0	9/24	11	45°	5,50	1,0	10/26	12	45°	6,00	1,0	10/28
			0,9	9/23				0,9	9/26				0,9	10/27
			0,8	8/23				0,8	9/25				0,8	9/27
			0,7	8/22				0,7	9/24				0,7	9/26

* e = Sparrenabstand

Kehlbalkendächer

Nadelholz Gkl.II

$g = 0,55 + 0,15 = 0,70$ kN/m² Dfl.
Ausbau $g_a = 0,40$ kN/m² Gfl.
Verkehrslast $p_K = 1,00$ kN/m² Gfl.
Schneelast $s = 0,75$ kN/m² Gfl.
Staudruck (Wind) $q_w = 0,80$ kN/m² Dfl.

l (m)	α	h_o (m)	h_u (m)	e* (m)	Sparren (cm/cm)	Kehlb. (cm/cm)	l (m)	α	h_o (m)	h_u (m)	e* (m)	Sparren (cm/cm)	Kehlb. (cm/cm)
9,0	30°	0,80	1,8	1,0	9/16	2·4,5/14	9,0	35°	1,15	2,0	1,0	9/17	2·4,5/14
				0,9	8/16	2·4/14					0,9	8/17	2·4/14
				0,8	7/16	2·3,5/14					0,8	7/17	2·3,5/14
				0,7	6/16	2·3/14					0,7	6/17	2·3/14
9,0	40°	1,58	2,2	1,0	9/17	2·4,5/15	9,0	45°	2,10	2,4	1,0	9/18	2·4,5/17
				0,9	8/17	2·4/15					0,9	8/18	2·4/17
				0,8	7/17	2·3,5/15					0,8	7/18	2·3,5/17
				0,7	6/17	2·3/15					0,7	6/18	2·3/17
10	30°	0,89	2,0	1,0	9/18	2·4,5/15	10	35°	1,30	2,2	1,0	9/18	2·4,5/16
				0,9	8/18	2·4/15					0,9	8/18	2·4/16
				0,8	7/18	2·3,5/15					0,8	7/18	2·3,5/16
				0,7	6/18	2·3/15					0,7	6/18	2·3/16
10	40°	1,80	2,4	1,0	9/19	2·4,5/17	10	45°	2,40	2,6	1,0	9/20	2·4,5/19
				0,9	8/19	2·4/17					0,9	8/20	2·4/19
				0,8	7/19	2·3,5/17					0,8	7/20	2·3,5/19
				0,7	6/19	2·3/17					0,7	6/20	2·3/19
11	30°	0,98	2,2	1,0	9/20	2·4,5/16	11	35°	1,45	2,4	1,0	9/20	2·4,5/17
				0,9	8/20	2·4/16					0,9	8/20	2·4/17
				0,8	7/20	2·3,5/16					0,8	7/20	2·3,5/17
				0,7	6/20	2·3/16					0,7	6/20	2·3/17
11	40°	2,02	2,6	1,0	9/21	2·4,5/19	11	45°	2,70	2,8	1,0	9/22	2·4,5/21
				0,9	8/21	2·4/19					0,9	8/22	2·4/21
				0,8	7/21	2·3,5/19					0,8	7/22	2·3,5/21
				0,7	6/21	2·3/19					0,7	6/22	2·3/21
12	30°	1,06	2,4	1,0	9/21	2·4,5/17	12	35°	1,60	2,6	1,0	9/22	2·4,5/19
				0,9	8/21	2·4/17					0,9	8/22	2·4/19
				0,8	7/21	2·3,5/17					0,8	7/22	2·3,5/19
				0,7	6/21	2·3/17					0,7	6/22	2·3/19
12	40°	2,24	2,8	1,0	9/23	2·4,5/21	12	45°	3,00	3,0	1,0	9/24	2·4,5/23
				0,9	8/23	2·4/21					0,9	8/24	2·4/23
				0,8	7/23	2·3,5/21					0,8	7/24	2·3,5/23
				0,7	6/23	2·3/21					0,7	6/24	2·3/23

* e = Sparrenabstand

entnommen aus: Hempel, Sparren- und Kehlbalkendächer, 3. Aufl., Bruder-Verlag

Brettschichtträger

Einfeldträger
(Brettschichtholz, gerade Form)

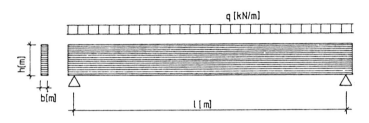

l (m)	b (cm)	q (kN/m)			
		5,0	7,5	10	12,5
10,0	14	47	54	62	69
12,5	14	59	67	78	87
15,0	16	67	78	87	97
17,5	16	78	90	101	114
20,0	18	86	98	109	122
22,5	18	97	111	123	137
25,0	20	104	118	131	145

<u>Erforderliche Querschnittshöhen</u> bei Ausnutzung der zulässigen Spannung (Gkl. I) und Einhaltung einer Durchbiegung von 1/200.

Einfeldträger
(Brettschichtholz, Dachneigung 3°)

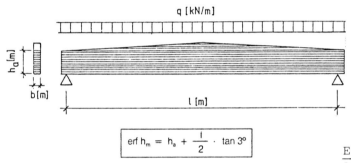

$$\text{erf } h_m = h_a + \frac{l}{2} \cdot \tan 3°$$

l (m)	b (cm)	q (kN/m)							
		5,0		7,5		10,0		12,5	
		h_a	h_m	h_a	h_m	h_a	h_m	h_a	h_m
10,0	14	30	57	36	63	45	72	56	83
12,5	14	37	70	45	78	56	89	70	103
15,0	16	41	81	51	91	59	99	73	113
17,5	16	48	94	59	105	69	115	86	132
20,0	18	52	105	64	117	73	126	87	140
22,5	18	58	117	71	130	82	141	98	157
25,0	20	61	127	75	141	87	153	98	164

<u>Erforderliche Querschnittshöhen</u> (cm) am Auflager und in Firstmitte bei Ausnutzung der zulässigen Spannungen der Güteklasse I und Einhaltung einer Durchbiegung von 1/200.

Einfeldträger
(Brettschichtholz, Dachneigung bis 15°)

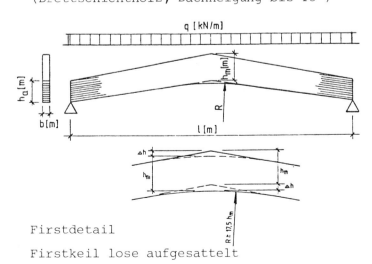

Firstdetail

Firstkeil lose aufgesattelt

l (m)	b (m)	q (kN/m)							
		5,0		7,5		10,0		12,5	
		h_a	h_m	h_a	h_m	h_a	h_m	h_a	h_m
10,0	14	31	56	38	61	46	65	56	79
12,5	14	38	69	48	77	65	91	82	115
15,0	16	44	80	50	90	60	96	73	103
17,5	16	51	92	58	105	70	112	86	121
20,0	18	56	101	64	116	77	124	87	140
22,5	18	63	114	72	130	87	140	98	157
25,0	20	67	121	77	139	93	149	100	160

<u>Erforderliche Querschnittshöhen</u> bei Ausnutzung der zulässigen Spannung und Einhaltung einer Durchbiegung von 1/200.

entnommen aus: INFORMATIONSDIENST HOLZ, Vorbemessung Teil 1

Fachwerkbinder aus Holz

Fachwerkdächer aus Holz mit engen Binderabständen

Dachneigung 14°   Binderabstand 1,25 m

NH II

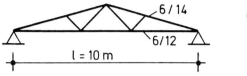

Obergurt 6/14 cm
Untergurt 6/12 cm
Diagonale 6/7 cm

Lasten:

Wellplatten	0,21 kN/m²
Pfetten, Verb.	0,04 kN/m²
Bindereig.	0,08 kN/m²
	0,33 kN/m²
Schnee	0,75 kN/m²
Obergurt	1,08 kN/m²
Unterdecke	0,25 kN/m²
Bindereig.	0,07 kN/m²
Untergurt	0,33 kN/m²
Gesamtlast:	1,40 kN/m²

Je Binder bei e = 1,25

q = 1,75 kN/m

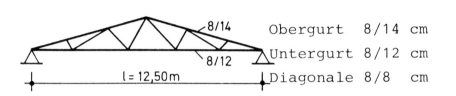

Obergurt 8/14 cm
Untergurt 8/12 cm
Diagonale 8/8 cm

O-Gurt 8/16 cm
U-Gurt 8/14 cm
Diag. 8/8 cm

Wind tritt nur als Sog auf (Verankerung).

Bei größeren Dachlasten oder höheren Schneelasten sind die Binderabstände entsprechend zu verringern.

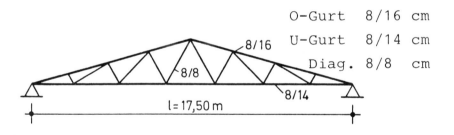

O-Gurt 8/16 cm
U-Gurt 8/14 cm
Diag. 8/8 cm

Pfetten 6/8 cm (1,15 m)
bei e = 1,25 m

Die Binder sind durch Verbände in Dachebene sorgfältig auszusteifen.

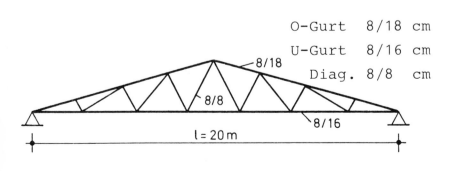

O-Gurt 8/18 cm
U-Gurt 8/16 cm
Diag. 8/8 cm

Für die Stabanschlüsse sind Nägel, Stabdübel, Nagelplatten oder Sperrholzplatten möglich.

Einzelheiten in: Typenberechnungen für Fachwerkbinder
oder: Hempel, Freigespannte Holzbinder, Bruder-Verlag

Fachwerkbinder aus Stahl (Hohlprofile)

Tragfähigkeitstabellen für
parallelgurtige Fachwerkbinder aus
Mannesmann-Stahlbau-Hohlprofilen MSH

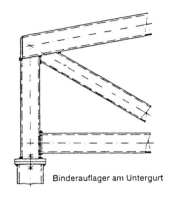
Binderauflager am Untergurt

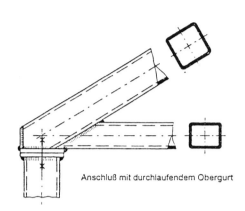
Anschluß mit durchlaufendem Obergurt

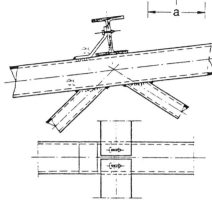

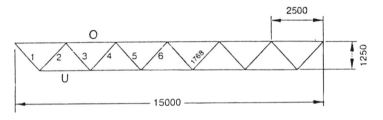

Spannweite = 15,0 m

Binderabstand — Zulässige Belastung aus der Dachhaut [kN/m²]

	5,0 m	5,5 m	6,0 m	6,5 m	7,0 m	7,5 m	8,0 m	8,5 m	9,0 m
1	1,20	1,00	0,85	0,70	0,60	0,50	0,40	0,35	0,25
2	1,50	1,25	1,10	0,95	0,80	0,70	0,60	0,50	0,40
3	1,80	1,55	1,35	1,15	1,00	0,90	0,75	0,65	0,55
4	2,10	1,80	1,55	1,35	1,20	1,05	0,90	0,80	0,70
5	2,40	2,10	1,80	1,60	1,40	1,25	1,10	1,00	0,85

MSH-Profile in R St 37-2

	O	U	$D_{1,2}$	$D_{3,4}$	$D_{5,6}$	kg*	kg/m	m²**
1	100 × 5,6	80 × 5,0	70 × 4,0	60 × 2,9	40 × 2,9	507	34	14,4
2	110 × 5,6	90 × 5,0	80 × 4,0	60 × 3,2	50 × 2,9	570	38	16,0
3	120 × 5,6	100 × 5,0	90 × 4,0	70 × 3,2	50 × 2,9	631	42	17,7
4	120 × 6,3	100 × 5,6	80 × 5,0	60 × 4,0	50 × 2,9	736	49	17,0
5	120 × 7,1	110 × 5,6	100 × 4,5	70 × 3,6	50 × 2,9	770	51	18,3

* Bindergewicht   ** Anstrichfläche

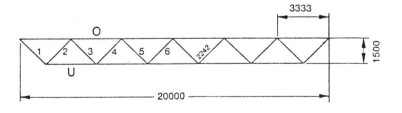

Spannweite = 20,0 m

Binderabstand — Zulässige Belastung aus der Dachhaut [kN/m²]

	5,0 m	5,5 m	6,0 m	6,5 m	7,0 m	7,5 m	8,0 m	8,5 m	9,0 m
1	1,20	1,00	0,85	0,70	0,60	0,50	0,40	0,35	0,25
2	1,50	1,25	1,10	0,95	0,80	0,70	0,60	0,50	0,40
3	1,80	1,55	1,35	1,15	1,00	0,90	0,75	0,65	0,55
4	2,10	1,80	1,55	1,35	1,20	1,05	0,90	0,80	0,70
5	2,40	2,10	1,80	1,60	1,40	1,25	1,10	1,00	0,85

MSH-Profile in R St 37-2

	O	U	$D_{1,2}$	$D_{3,4}$	$D_{5,6}$	kg*	kg/m	m²**
1	140 × 5,6	110 × 5,6	100 × 4,0	70 × 3,6	60 × 2,9	983	49	26,0
2	150 × 5,6	140 × 5,0	120 × 3,6	80 × 3,2	60 × 2,9	1070	54	29,5
3	150 × 6,3	140 × 5,6	120 × 4,0	80 × 4,0	60 × 2,9	1200	60	29,7
4	150 × 7,1	140 × 6,3	120 × 4,5	90 × 3,6	60 × 2,9	1320	66	29,9
5	150 × 8,0	140 × 7,1	120 × 5,0	100 × 3,6	60 × 2,9	1470	73	30,2

* Bindergewicht   ** Anstrichfläche

Fachwerkbinder aus Stahl (Fortsetzung)

Tragfähigkeitstabellen für parallelgurtige Fachwerkbinder aus Mannesmann-Stahlbau-Hohlprofilen MSH (Fortsetzung)

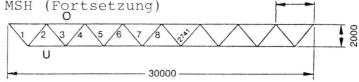

Spannweite = 30,0 m

Binderabstand			Zulässige Belastung aus der Dachhaut [kN/m²]					
5,0 m	5,5 m	6,0 m	6,5 m	7,0 m	7,5 m	8,0 m	8,5 m	9,0 m
1 1,20	1,00	0,85	0,70	0,60	0,50	0,40	0,35	0,25
2 1,50	1,25	1,10	0,95	0,80	0,70	0,60	0,50	0,40
3 1,80	1,55	1,35	1,15	1,00	0,90	0,75	0,65	0,55
4 2,10	1,80	1,55	1,35	1,20	1,05	0,90	0,80	0,70
5 2,40	2,10	1,80	1,60	1,40	1,25	1,10	1,00	0,85

MSH-Profile in R St 37-2

	O	U	$D_{1,2}$	$D_{3,4}$	$D_{5,6}$	$D_{7,8}$	kg*	kg/m	m²**
1	160 × 8,8	150 × 8,0	120 × 5,0	110 × 4,0	80 × 3,2	70 × 3,2	2610	87	49,7
2	180 × 8,8	150 × 8,0	120 × 5,6	110 × 4,5	80 × 3,6	80 × 3,2	2920	97	52,5
3	180 × 10,0	160 × 10,0	120 × 6,3	110 × 5,0	90 × 3,6	80 × 3,2	3340	111	53,7
4	220 × 8,0	200 × 8,0	150 × 5,6	120 × 5,0	90 × 4,0	90 × 3,6	3500	117	65,2
5	220 × 8,8	200 × 8,8	160 × 5,6	120 × 5,6	110 × 3,6	90 × 3,6	3800	127	65,5

*Bindergewicht **Anstrichfläche

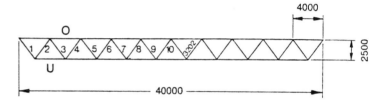

Spannweite = 40,0 m

Binderabstand			Zulässige Belastung aus der Dachhaut [kN/m²]					
5,0 m	5,5 m	6,0 m	6,5 m	7,0 m	7,5 m	8,0 m	8,5 m	9,0 m
1 1,20	1,00	0,85	0,70	0,60	0,50	0,40	0,35	0,25
2 1,50	1,25	1,10	0,95	0,80	0,70	0,60	0,50	0,40
3 1,80	1,55	1,35	1,15	1,00	0,90	0,75	0,65	0,55
4 2,10	1,80	1,55	1,35	1,20	1,05	0,90	0,80	0,70
5 2,40	2,10	1,80	1,60	1,40	1,25	1,10	1,00	0,85

MSH-Profile in R St 37-2

	$O_{4,5}$	O_{1-3}	$U_{4,5}$	U_{1-3}	$D_{1,2}$	$D_{3,4}$	$D_{5,6}$	D_{7-10}	kg*	kg/m	m²**
1	220 × 8,8	220 × 7,1	220 × 8,8	220 × 7,1	140 × 5,6	120 × 5,0	100 × 4,5	90 × 3,6	4870	122	91,0
2	220 × 10,0	220 × 8,0	220 × 10,0	220 × 8,0	140 × 6,3	110 × 6,3	100 × 5,0	90 × 3,6	5430	136	91,5
3	220 × 11,0	220 × 8,8	220 × 11,0	220 × 8,8	140 × 7,1	120 × 6,3	100 × 5,6	90 × 3,6	5920	148	92,0
4	220 × 12,5	220 × 10,0	220 × 12,5	220 × 10,0	140 × 8,0	120 × 7,1	110 × 5,6	100 × 3,6	6640	166	92,4
5	260 × 11,0	260 × 8,8	260 × 11,0	260 × 8,8	180 × 7,1	150 × 6,3	120 × 5,6	110 × 3,6	7140	179	110,0

*Bindergewicht **Anstrichfläche

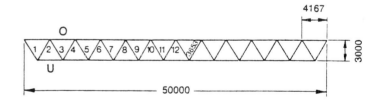

Spannweite = 50,0 m

Binderabstand			Zulässige Belastung aus der Dachhaut [kN/m²]					
5,0 m	5,5 m	6,0 m	6,5 m	7,0 m	7,5 m	8,0 m	8,5 m	9,0 m
1 1,20	1,00	0,85	0,70	0,60	0,50	0,40	0,35	0,25
2 1,50	1,25	1,10	0,95	0,80	0,70	0,60	0,50	0,40
3 1,80	1,55	1,35	1,15	1,00	0,90	0,75	0,65	0,55
4 2,10	1,80	1,55	1,35	1,20	1,05	0,90	0,80	0,70
5 2,40	2,10	1,80	1,60	1,40	1,25	1,10	1,00	0,85

MSH-Profile in R St 37-2

	O_{4-6}	O_{1-3}	U_{4-6}	U_{1-3}	$D_{1,2}$	$D_{3,4}$	$D_{5,6}$	$D_{7,8}$	D_{9-12}	kg*	kg/m	m²**
1	220 × 12,5	220 × 8,0	200 × 12,5	200 × 10,0	160 × 6,3	150 × 5,6	120 × 5,6	110 × 4,0	90 × 3,6	7930	159	118
2	220 × 14,2	220 × 10,0	200 × 14,2	200 × 11,0	160 × 7,1	150 × 6,3	140 × 5,0	110 × 4,5	90 × 4,0	8930	179	119
3	260 × 12,5	260 × 8,0	220 × 14,2	220 × 11,0	180 × 7,1	160 × 6,3	140 × 5,6	120 × 4,5	110 × 3,6	9640	193	135
4	260 × 14,2	260 × 8,8	220 × 16,0	220 × 12,5	200 × 7,1	160 × 7,1	140 × 6,3	120 × 5,6	110 × 3,6	10740	215	136
5	260 × 16,0	260 × 10,0	260 × 16,0	260 × 11,0	160 × 10,0	150 × 8,8	140 × 7,1	120 × 5,6	110 × 3,6	12020	240	140

*Bindergewicht **Anstrichfläche

entnommen aus: Mannesmann, Techn. Informationen

A 9

Decken aus Bimsbeton, Gasbeton, Stahltrapezblechen

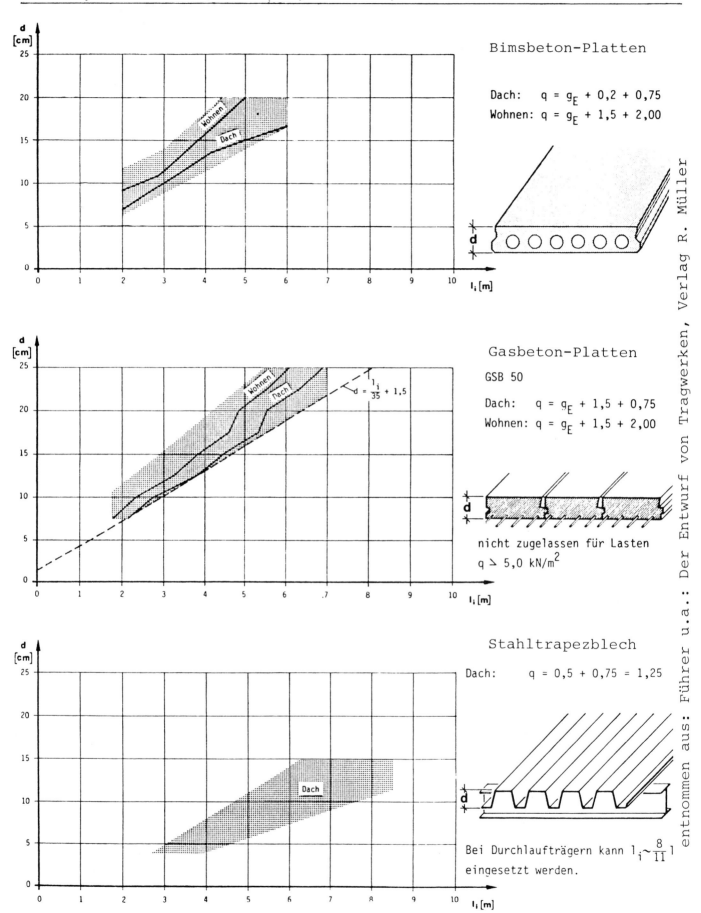

Bimsbeton-Platten

Dach: $q = g_E + 0{,}2 + 0{,}75$
Wohnen: $q = g_E + 1{,}5 + 2{,}00$

Gasbeton-Platten

GSB 50

Dach: $q = g_E + 1{,}5 + 0{,}75$
Wohnen: $q = g_E + 1{,}5 + 2{,}00$

nicht zugelassen für Lasten $q \geq 5{,}0\ kN/m^2$

Stahltrapezblech

Dach: $q = 0{,}5 + 0{,}75 = 1{,}25$

Bei Durchlaufträgern kann $l_i \approx \frac{8}{11} l$ eingesetzt werden.

entnommen aus: Führer u.a.: Der Entwurf von Tragwerken, Verlag R. Müller

Bei anderen Stahldecken dient das Stahlblech entweder nur als verlorene Schalung oder es stellt gleichzeitig die Bewehrung für den Beton dar. Konstruktionshöhen dann wie bei Stahlbetonplatten bzw. -rippendecken.
Ausführliche Angaben siehe Maaß: Stahltrapezprofile, Werner-Verlag

Balkendecken, Rippendecken, Verbunddecken

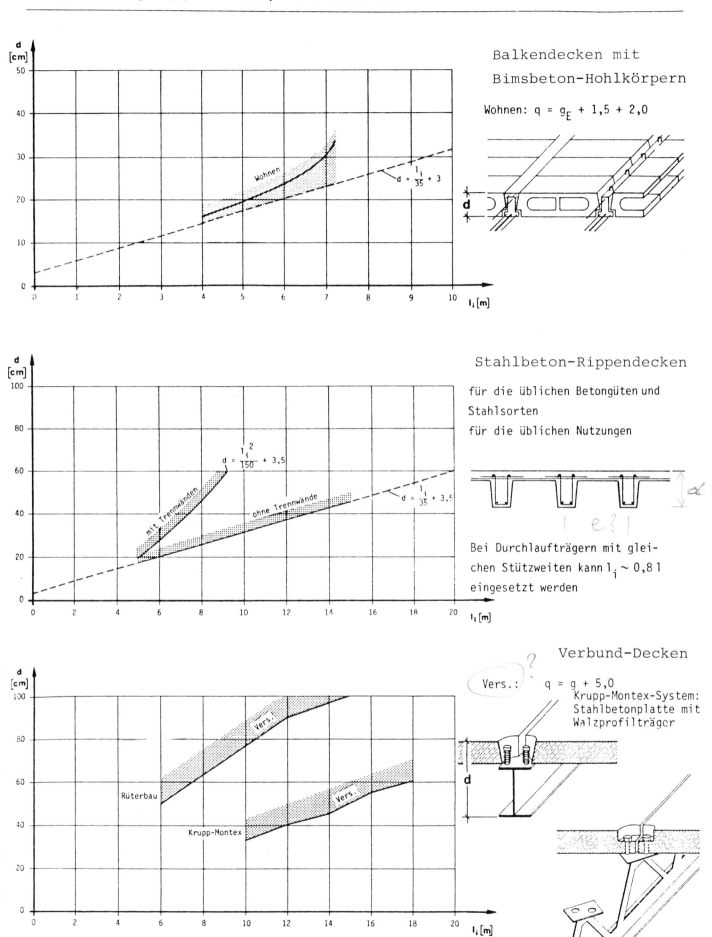

entnommen aus: Führer u.a., Der Entwurf von Tragwerken, Verlag R. Müller

A 11

Holzbalkendecken für Wohnräume

Nadelholz Gkl.II

Ständige Last g = 1,50 kN/m²
Verkehrslast   p = 2,00 kN/m²
               q = 3,50 kN/m²
Leichte Trennwände p' = 0,75 kN/m²
               q = 4,25 kN/m²

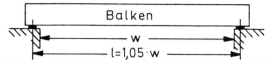

l (m)	Last q (kN/m²)	\multicolumn{9}{c}{Balkenquerschnitt bei einem Balkenabstand e in cm}								
		60	65	70	75	80	85	90	95	100
3,0	3,50	7/16	8/16	8/16	6/18	7/18	7/18	7/18	8/18	8/18
	4,25	8/16	6/18	7/18	7/18	8/18	8/18	9/18	9/18	10/18
3,2	3,50	8/16	6/18	7/18	7/18	8/18	8/18	9/18	9/18	10/18
	4,25	7/18	8/18	8/18	9/18	9/18	10/18	8/20	8/20	9/20
3,4	3,50	7/18	8/18	8/18	9/18	9/18	10/18	8/20	8/20	9/20
	4,25	9/18	9/18	10/18	8/20	8/20	9/20	9/20	10/20	10/20
3,6	3,50	8/18	9/18	10/18	10/18	8/20	9/20	9/20	10/20	10/20
	4,25	10/18	8/20	9/20	9/20	10/20	10/20	11/20	12/20	12/20
3,8	3,50	10/18	8/20	8/20	9/20	9/20	10/20	11/20	11/20	12/20
	4,25	9/20	9/20	10/20	11/20	11/20	12/20	10/22	10/22	11/22
4,0	3,50	8/20	9/20	10/20	10/20	11/20	12/20	12/20	10/22	10/22
	4,25	10/20	11/20	12/20	12/20	10/22	11/22	11/22	12/22	12/22
4,2	3,50	10/20	10/20	11/20	12/20	10/22	10/22	11/22	11/22	12/22
	4,25	12/20	12/20	10/22	11/22	12/22	12/22	13/22	14/22	14/22
4,4	3,50	11/20	12/20	10/22	10/22	11/22	12/22	12/22	13/22	14/22
	4,25	10/22	11/22	12/22	12/22	13/22	14/22	12/24	12/24	13/24
4,6	3,50	12/20	10/22	11/22	12/22	12/22	13/22	14/22	11/24	12/24
	4,25	11/22	12/22	13/22	14/22	12/24	12/24	13/24	14/24	15/24
4,8	3,50	11/22	12/22	12/22	13/22	11/24	12/24	12/24	13/24	14/24
	4,25	13/22	14/22	12/24	12/24	13/24	14/24	15/24	16/24	16/24
5,0	3,50	12/22	13/22	14/22	12/24	12/24	13/24	14/24	15/24	15/24
	4,25	11/24	12/24	13/24	14/24	15/24	16/24	13/26	14/26	15/26
5,2	3,50	13/22	11/24	12/24	13/24	14/24	15/24	16/24	13/26	14/26
	4,25	16/22	14/24	15/24	16/24	13/26	14/26	15/26	16/26	16/26
5,4	3,50	12/24	13/24	14/24	15/24	15/24	16/24	14/26	14/26	15/26
	4,25	14/24	15/24	16/24	14/26	15/26	16/26	17/26	17/26	18/26
5,6	3,50	13/24	14/24	15/24	16/24	14/26	14/26	15/26	16/26	17/26
	4,25	16/24	13/26	14/26	15/26	16/26	17/26	18/26	16/28	16/28
5,8	3,50	14/24	16/24	13/26	14/26	15/26	16/26	17/26	18/26	15/28
	4,25	14/26	15/26	16/26	17/26	18/26	16/28	16/28	17/28	18/28
6,0	3,50	16/24	14/26	15/26	16/26	17/26	18/26	15/28	16/28	17/28
	4,25	15/26	16/26	18/26	15/28	16/28	17/28	18/28	19/28	16/30

In der Tafel ist eine zulässige Durchbiegung von l/300 berücksichtigt.

entnommen aus: INFORMATIONSDIENST HOLZ, Die Holzbalkendecke A 30

Stahlbetonplatten

a) Erforderliche Deckendicken (infolge vorgeschriebener Durchbiegungsbeschränkung)

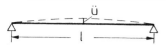

Decken ohne Trennwände

$$h \geq \frac{l_i}{35}$$

z.B. $l = 6{,}3$ m: $6{,}3/35 = 0{,}18$ m
$\phantom{z.B.\ l = 6{,}3\ m:\ 6{,}3/35 =\ } + 0{,}02$ m
$\phantom{z.B.\ l = 6{,}3\ m:\ 6{,}3/35 =\ \ \ } d = 0{,}20$ m

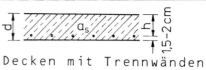

Decken mit Trennwänden

$$h \geq \frac{l_i}{35} \quad \text{bzw.} \quad h \geq \frac{l_i^2}{150}$$

z.B. $l = 5{,}2$ m: $5{,}2^2/150 = 0{,}18$ m
$\phantom{z.B.\ l = 5{,}2\ m:\ 5{,}2^2/150 =\ } + 0{,}02$ m
$\phantom{z.B.\ l = 5{,}2\ m:\ 5{,}2^2/150 =\ \ \ } d = 0{,}20$ m

Deckendicken über 20 cm sind unwirtschaftlich, weil der Einfluß der Eigenlast zu groß wird.

<u>Durchlaufträger</u> sind günstiger $l_i = 0{,}8 \cdot l$

<u>Kragträger</u> sind ungünstiger $l_i = 2{,}4 \cdot l_k$

		Zulässige Stützweite in m			
		Deckendicke in cm			
		14	16	18	20
frei aufliegend ohne Wände		4,20	4,90	5,60	6,30
durchlaufend ohne Wände		5,20	6,10	7,00	7,00
frei aufliegend mit Wänden	Wände	4,20	4,60	4,90	5,20
durchlaufend mit Wänden		5,20	5,70	6,10	6,50

b) Biegemomente M und Bewehrung a_s

(Stahlbetonplatten aus B 25 und BSt IV M)

Erste Zeile: M in kNm
Zweite Zeile: a_s in cm²/m

Decken ohne Trennwände

Last in kN/m²			6,5	7,0	7,5	8,0
d in cm			14	16	18	20
h in cm			12,5	14,5	16,5	18,5
Stützweite in m	3,00	M	7,31	7,88	8,44	9,00
		a_s	2,16	2,01	1,89	1,80
	3,50	M	9,95	10,77	11,48	12,25
		a_s	3,02	2,74	2,57	2,45
	4,00	M	13,00	14,00	15,00	16,00
		a_s	3,95	3,67	3,36	3,20
	4,20	M	14,33	15,43	16,54	17,60
		a_s	4,36	4,04	3,81	3,52
	4,90	M		21,01	22,51	24,01
		a_s		5,50	5,18	4,93
	5,60	M			29,40	31,36
		a_s			6,77	6,44
	6,30	M				39,69
		a_s				8,15

Decken mit Trennwänden

Last in kN/m²			7,75	8,25	8,75	9,25
d in cm			14	16	18	20
h in cm			12,5	14,5	16,5	18,5
Stützweite in m	3,00	M	8,72	9,28	9,84	10,41
		a_s	2,58	2,37	2,21	2,08
	3,50	M	11,87	12,63	13,40	14,16
		a_s	3,60	3,22	3,00	2,83
	4,00	M	15,50	16,50	17,50	18,50
		a_s	4,71	4,32	4,03	3,70
	4,20	M	17,09	18,19	19,29	20,40
		a_s	5,20	4,77	4,44	4,19
	4,60	M		21,82	23,14	24,47
		a_s		5,72	5,33	5,03
	4,90	M			26,26	27,76
		a_s			6,05	5,70
	5,20	M				31,27
		a_s				6,42

Bei größeren Stützweiten sind Zwischenwände, Unterzüge oder Rippendecken zu verwenden.

Stahlbetonbalken (freiauflegend)

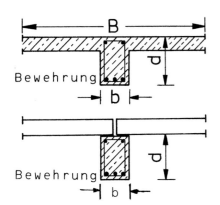

Bewehrung

(Anhaltswerte für die Bemessung)

$$d = \frac{l}{8} \cdots \frac{l}{14} \qquad b = \frac{d}{3} \cdots \frac{2d}{3}$$

geringer bei eingespannten und durchlaufenden Trägern (ca. 80 %)

Baustoffe:
B 25
BSt 420 S

Beispiel:

Belag und Putz	ca. 1,50 kN/m²
20 cm Stahlbetondecke 0,25 · 20	= 5,00 kN/m²
Eigenlast des Stahlbetonbalkens	ca. 0,75 kN/m²
Verkehrslast (Wohnraum)	= 1,50 kN/m²
Zuschlag für leichte Trennwände	= 1,25 kN/m²
Gesamtlast	10,00 kN/m²

Bei einer Belastungsbreite B = 5 m folgt: Balkenlast q = 10 · 5 = <u>50 kN/m</u>
Angenommene Stützweite <u>l = 6,0 m</u>

<u>günstig:</u>   d = 6,0/8,5 = 0,7 m, gew. b/d = <u>30/70 cm</u>, erforderliche Bewehrung: <u>15,5 cm²</u>
<u>ungünstig:</u> d = 6,0/12 = 0,5 m, gew. b/d = <u>30/50 cm</u>, erforderliche Bewehrung: <u>24,5 cm²</u>
Ergebnis: 29 % weniger Betonhöhe bedeuten 60 % mehr Stahlverbrauch!

b/d (cm)	Bewehrung in cm²	Stützweiten in m (Tabellenwerte) bei einer Balkenlast in kN/m									
		5,0	10	20	30	40	50	60	70	80	100
20/30	4,5 8,0	6,5 8,4	4,6 5,9	3,3 4,2	2,7 3,4	2,4 3,0	2,1 2,7	1,9 2,4	1,8 2,3		
20/50	8,0 14,0	11,5 14,8	8,1 10,5	5,8 7,5	4,7 6,1	4,1 5,3	3,7 4,7	3,3 4,3	3,4 4,0		
30/50	12,0 24,5		9,9 13,4	7,0 9,5	5,7 7,8	5,0 6,7	4,4 6,0	4,1 5,5	3,8 5,1		
30/70	15,5 32,0		13,4 18,3	9,5 13,0	7,8 10,6	6,7 9,2	6,0 8,2	5,5 7,5	5,1 7,0	6,5	
40/60	20,0 37,0			10,0 12,8	8,2 10,4	7,1 9,0	6,4 8,0	5,8 7,3	5,4 6,8	6,5	
40/80	25,0 55,5			13,0 18,2	10,6 14,9	9,2 12,9	8,2 11,5	7,5 10,5	7,0 9,8	6,5 9,0	
40/100	30,5 64,5				13,2 18,2	11,4 15,8	10,2 14,1	9,3 12,8	8,6 11,9	8,1 11,1	
50/80	30,5 61,0				11,4 15,8	9,9 13,7	8,9 12,3	8,1 11,2	7,5 10,4	7,2 9,7	6,4 8,7
50/100	39,5 80,5				14,9 20,2	12,9 17,5	11,5 15,7	10,5 14,3	9,8 13,3	9,0 12,4	8,1 11,1
50/120	49,5 102,0				18,2 25,1	15,8 21,7	14,1 19,4	12,8 17,7	11,9 16,4	11,1 15,4	10,0 13,7

Brettschichtträger

Einfeldträger
(Brettschichtholz, gerade Form)

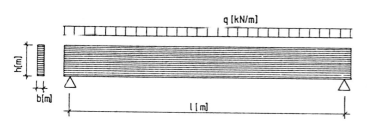

l (m)	b (cm)	q (kN/m)			
		5,0	7,5	10	12,5
10,0	14	47	54	62	69
12,5	14	59	67	78	87
15,0	16	67	78	87	97
17,5	16	78	90	101	114
20,0	18	86	98	109	122
22,5	18	97	111	123	137
25,0	20	104	118	131	145

Erforderliche Querschnittshöhen bei Ausnutzung der zulässigen Spannung (Gkl. I) und Einhaltung einer Durchbiegung von 1/200.

Einfeldträger
(Brettschichtholz, Dachneigung 3°)

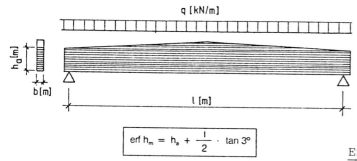

$$\text{erf } h_m = h_a + \frac{l}{2} \cdot \tan 3°$$

l (m)	b (cm)	q (kN/m)							
		5,0		7,5		10,0		12,5	
		h_a	h_m	h_a	h_m	h_a	h_m	h_a	h_m
10,0	14	30	57	36	63	45	72	56	83
12,5	14	37	70	45	78	56	89	70	103
15,0	16	41	81	51	91	59	99	73	113
17,5	16	48	94	59	105	69	115	86	132
20,0	18	52	105	64	117	73	126	87	140
22,5	18	58	117	71	130	82	141	98	157
25,0	20	61	127	75	141	87	153	98	164

Erforderliche Querschnittshöhen (cm) am Auflager und in Firstmitte bei Ausnutzung der zulässigen Spannungen der Güteklasse I und Einhaltung einer Durchbiegung von 1/200.

Einfeldträger
(Brettschichtholz, Dachneigung bis 15°)

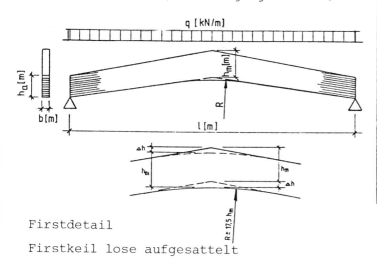

Firstdetail
Firstkeil lose aufgesattelt

l (m)	b (m)	q (kN/m)							
		5,0		7,5		10,0		12,5	
		h_a	h_m	h_a	h_m	h_a	h_m	h_a	h_m
10,0	14	31	56	38	61	46	65	56	79
12,5	14	38	69	48	77	65	91	82	115
15,0	16	44	80	50	90	60	96	73	103
17,5	16	51	92	58	105	70	112	86	121
20,0	18	56	101	64	116	77	124	87	140
22,5	18	63	114	72	130	87	140	98	157
25,0	20	67	121	77	139	93	149	100	160

Erforderliche Querschnittshöhen bei Ausnutzung der zulässigen Spannung und Einhaltung einer Durchbiegung von 1/200.

entnommen aus: INFORMATIONSDIENST HOLZ, Vorbemessung Teil 1

Holzbalken

Holzbalken Nadelholz der Gkl. II
Lastfall H
Zulässige Stützweiten [m] für Einfeldbalken, q in kN/m

b/h	6/12		6/14		6/16		8/14		8/16		8/18		8/20		8/22		10/16		10/18		10/20		10/22	
q\f	l/200	l/300	l/200	l/300	l/200	l/300	l/200	l/300	l/200	l/300	l/200	l/300	l/200	l/300	l/200	l/300	l/200	l/300	l/200	l/300	l/200	l/300	l/200	l/300
1,0	3,21	2,80	3,74	3,27	4,28	3,73	4,12	3,60	4,71	4,11	5,30	4,63	5,89	5,14	6,48	5,66	5,07	4,43	5,71	4,99	6,34	5,54	6,98	6,10
1,2	3,02	2,64	3,52	3,08	4,02	3,51	3,88	3,39	4,43	3,87	4,99	4,36	5,54	4,84	6,10	5,32	4,77	4,17	5,37	4,69	5,97	5,21	6,57	5,74
1,4	2,86	2,50	3,34	2,92	3,82	3,34	3,68	3,22	4,21	3,68	4,74	4,14	5,26	4,60	5,79	5,06	4,54	3,96	5,10	4,46	5,67	4,95	6,24	5,45
1,6	2,68	2,39	3,13	2,79	3,57	3,19	3,52	3,08	4,03	3,52	4,53	3,96	5,03	4,40	5,54	4,84	4,34	3,79	4,88	4,26	5,42	4,74	5,97	5,21
1,8	2,52	2,30	2,95	2,69	3,37	3,07	3,39	2,96	3,87	3,38	4,36	3,80	4,84	4,23	5,32	4,65	4,17	3,64	4,69	4,10	5,21	4,55	5,74	5,01
2,0	2,40	2,22	2,80	2,59	3,20	2,96	3,23	2,86	3,69	3,26	4,15	3,67	4,61	4,08	5,07	4,49	4,03	3,52	4,53	3,96	5,03	4,40	5,54	4,84
2,2	2,28	2,15	2,66	2,51	3,05	2,87	3,08	2,77	3,52	3,16	3,96	3,56	4,40	3,95	4,84	4,35	3,90	3,41	4,39	3,83	4,88	4,26	5,36	4,69
2,4	2,19	2,09	2,55	2,44	2,92	2,79	2,94	2,69	3,37	3,07	3,79	3,46	4,21	3,84	4,63	4,23	3,77	3,31	4,24	3,72	4,71	4,14	5,18	4,55
2,6	2,10	2,04	2,45	2,38	2,80	2,71	2,83	2,62	3,23	2,99	3,64	3,37	4,04	3,74	4,45	4,11	3,62	3,22	4,07	3,63	4,53	4,03	4,98	4,43
2,8	2,02	1,99	2,36	2,32	2,70	2,65	2,73	2,55	3,12	2,92	3,51	3,28	3,90	3,65	4,29	4,01	3,49	3,14	3,92	3,54	4,36	3,93	4,80	4,32
3,0	1,95	1,94	2,28	2,27	2,61	2,59	2,63	2,49	3,01	2,85	3,39	3,21	3,77	3,56	4,14	3,92	3,37	3,07	3,79	3,46	4,21	3,84	4,63	4,23
3,2	1,89	1,89	2,21	2,21	2,52	2,52	2,55	2,44	2,91	2,79	3,28	3,14	3,65	3,49	4,01	3,84	3,26	3,01	3,67	3,38	4,08	3,76	4,49	4,14
3,4	1,84	1,84	2,14	2,14	2,45	2,45	2,47	2,39	2,83	2,73	3,18	3,08	3,54	3,42	3,89	3,76	3,16	2,95	3,56	3,31	3,96	3,68	4,35	4,05
3,6	1,78	1,78	2,08	2,08	2,38	2,38	2,40	2,35	2,75	2,68	3,09	3,02	3,44	3,35	3,78	3,69	3,08	2,89	3,46	3,25	3,84	3,61	4,23	3,98
3,8	1,74	1,74	2,03	2,03	2,32	2,32	2,34	2,30	2,67	2,63	3,01	2,96	3,34	3,29	3,68	3,62	2,99	2,84	3,37	3,19	3,74	3,55	4,12	3,90
4,0	1,69	1,69	1,97	1,97	2,26	2,26	2,28	2,27	2,61	2,59	2,93	2,91	3,26	3,24	3,59	3,56	2,92	2,79	3,28	3,14	3,65	3,49	4,01	3,84
4,2	1,65	1,65	1,93	1,93	2,20	2,20	2,22	2,22	2,54	2,54	2,86	2,86	3,18	3,18	3,50	3,50	2,85	2,75	3,20	3,09	3,56	3,43	3,92	3,78
4,4	1,61	1,61	1,88	1,88	2,15	2,15	2,17	2,17	2,48	2,48	2,80	2,80	3,11	3,11	3,42	3,42	2,78	2,70	3,13	3,04	3,48	3,38	3,83	3,72
4,6	1,58	1,58	1,84	1,84	2,11	2,11	2,13	2,13	2,43	2,43	2,74	2,74	3,04	3,04	3,34	3,34	2,72	2,66	3,06	3,00	3,40	3,33	3,74	3,66
4,8	1,54	1,54	1,80	1,80	2,06	2,06	2,08	2,08	2,38	2,38	2,68	2,68	2,98	2,98	3,27	3,27	2,66	2,63	3,00	2,95	3,33	3,28	3,66	3,61
5,0	1,51	1,51	1,77	1,77	2,02	2,02	2,04	2,04	2,33	2,33	2,62	2,62	2,92	2,92	3,21	3,21	2,61	2,59	2,93	2,91	3,26	3,24	3,59	3,56
5,2	1,48	1,48	1,73	1,73	1,98	1,98	2,00	2,00	2,29	2,29	2,57	2,57	2,86	2,86	3,15	3,15	2,56	2,56	2,88	2,88	3,20	3,20	3,52	3,52
5,4	1,46	1,46	1,70	1,70	1,94	1,94	1,96	1,96	2,24	2,24	2,52	2,52	2,81	2,81	3,09	3,09	2,51	2,51	2,82	2,82	3,14	3,14	3,45	3,45
5,6	1,43	1,43	1,67	1,67	1,91	1,91	1,93	1,93	2,20	2,20	2,48	2,48	2,75	2,75	3,03	3,03	2,46	2,46	2,77	2,77	3,08	3,08	3,39	3,39
5,8	1,40	1,40	1,64	1,64	1,87	1,87	1,89	1,89	2,16	2,16	2,44	2,44	2,71	2,71	2,98	2,98	2,42	2,42	2,72	2,72	3,03	3,03	3,33	3,33
6,0	1,38	1,38	1,61	1,61	1,84	1,84	1,86	1,86	2,13	2,13	2,40	2,40	2,66	2,66	2,93	2,93	2,38	2,38	2,68	2,68	2,98	2,98	3,28	3,28
6,2	1,36	1,36	1,59	1,59	1,81	1,81	1,83	1,83	2,09	2,09	2,36	2,36	2,62	2,62	2,88	2,88	2,34	2,34	2,63	2,63	2,93	2,93	3,22	3,22
6,4	1,34	1,34	1,56	1,56	1,78	1,78	1,80	1,80	2,06	2,06	2,32	2,32	2,58	2,58	2,83	2,83	2,31	2,31	2,59	2,59	2,88	2,88	3,17	3,17
6,6	1,32	1,30	1,53	1,52	1,74	1,74	1,77	1,77	2,03	2,03	2,28	2,28	2,54	2,54	2,79	2,79	2,27	2,27	2,55	2,55	2,84	2,84	3,12	3,12
6,8	1,30	1,27	1,52	1,48	1,71	1,69	1,75	1,75	2,00	2,00	2,25	2,25	2,50	2,50	2,75	2,75	2,24	2,24	2,52	2,52	2,80	2,80	3,08	3,08
7,0	1,23	1,23	1,44	1,44	1,64	1,64	1,72	1,72	1,97	1,97	2,22	2,22	2,46	2,46	2,71	2,71	2,20	2,20	2,48	2,48	2,76	2,76	3,03	3,03
7,2	1,20	1,20	1,40	1,40	1,60	1,60	1,70	1,70	1,94	1,94	2,19	2,19	2,43	2,43	2,67	2,67	2,17	2,17	2,44	2,44	2,72	2,72	2,99	2,99
7,4	1,16	1,16	1,36	1,36	1,55	1,55	1,67	1,67	1,92	1,92	2,16	2,16	2,40	2,40	2,64	2,64	2,14	2,14	2,41	2,41	2,68	2,68	2,95	2,95
7,6	1,13	1,13	1,32	1,32	1,51	1,51	1,65	1,65	1,89	1,89	2,13	2,13	2,36	2,36	2,60	2,60	2,12	2,12	2,38	2,38	2,64	2,64	2,91	2,91
7,8	1,10	1,10	1,29	1,29	1,47	1,47	1,63	1,63	1,87	1,87	2,10	2,10	2,33	2,33	2,57	2,57	2,09	2,09	2,35	2,35	2,61	2,61	2,87	2,87
8,0	1,08	1,08	1,26	1,26	1,44	1,44	1,61	1,61	1,84	1,84	2,07	2,07	2,30	2,30	2,53	2,53	2,06	2,06	2,32	2,32	2,58	2,58	2,84	2,84

A 16

Holzbalken (Fortsetzung)

(Fortsetzung) Tragfähigkeit von Holzbalken – Zulässige Stützweiten [m] für Einfeldbalken, q in kN/m

b/h → f/q ↓	10/24 l/200	10/24 l/300	12/16 l/200	12/16 l/300	12/18 l/200	12/18 l/300	12/20 l/200	12/20 l/300	12/22 l/200	12/22 l/300	12/24 l/200	12/24 l/300	14/24 l/200	14/24 l/300	14/26 l/200	14/26 l/300	14/28 l/200	14/28 l/300	16/26 l/200	16/26 l/300	16/28 l/200	16/28 l/300
1,0	7,61	6,65	5,39	4,71	6,07	5,30	6,74	5,89	7,42	6,48	8,09	7,07	8,52	7,44	9,23	8,06	9,94	8,68	9,65	8,43	10,39	9,08
1,2	7,16	6,26	5,07	4,43	5,71	4,99	6,34	5,54	6,98	6,10	7,61	6,65	8,02	7,00	8,68	7,58	9,35	8,17	9,08	7,93	9,78	8,54
1,4	6,81	5,94	4,82	4,21	5,42	4,74	6,03	5,26	6,63	5,79	7,23	6,32	7,61	6,65	8,25	7,20	8,88	7,76	8,62	7,53	9,29	8,11
1,6	6,51	5,69	4,61	4,03	5,19	4,53	5,76	5,03	6,34	5,54	6,92	6,04	7,28	6,36	7,89	6,89	8,50	7,42	8,25	7,20	8,88	7,76
1,8	6,26	5,47	4,43	3,87	4,99	4,36	5,54	4,84	6,10	5,32	6,65	5,81	7,00	6,12	7,59	6,63	8,17	7,14	7,93	6,93	8,54	7,46
2,0	6,04	5,28	4,28	3,74	4,81	4,21	5,35	4,67	5,89	5,14	6,42	5,61	6,76	5,90	7,32	6,40	7,89	6,89	7,66	6,69	8,25	7,20
2,2	5,85	5,11	4,15	3,62	4,66	4,07	5,18	4,53	5,70	4,98	6,22	5,43	6,55	5,72	7,09	6,20	7,64	6,67	7,42	6,48	7,99	6,98
2,4	5,65	4,97	4,03	3,52	4,53	3,96	5,03	4,40	5,54	4,84	6,04	5,28	6,36	5,56	6,89	6,02	7,42	6,48	7,21	6,29	7,76	6,78
2,6	5,43	4,84	3,92	3,42	4,41	3,85	4,90	4,28	5,39	4,71	5,88	5,14	6,19	5,41	6,71	5,86	7,23	6,31	7,02	6,13	7,56	6,60
2,8	5,23	4,72	3,82	3,34	4,30	3,76	4,78	4,18	5,25	4,59	5,73	5,01	6,04	5,28	6,55	5,72	7,05	6,16	6,84	5,98	7,37	6,44
3,0	5,05	4,61	3,69	3,26	4,15	3,67	4,61	4,08	5,08	4,49	5,54	4,90	5,90	5,16	6,40	5,59	6,89	6,02	6,69	5,84	7,20	6,29
3,2	4,89	4,51	3,57	3,19	4,02	3,59	4,47	3,99	4,91	4,39	5,36	4,79	5,78	5,05	6,26	5,47	6,74	5,89	6,55	5,72	7,05	6,16
3,4	4,75	4,42	3,47	3,13	3,90	3,52	4,33	3,91	4,77	4,31	5,20	4,70	5,62	4,95	6,09	5,36	6,56	5,77	6,41	5,60	6,91	6,03
3,6	4,61	4,34	3,37	3,07	3,79	3,46	4,21	3,84	4,63	4,23	5,05	4,61	5,46	4,85	5,91	5,26	6,37	5,66	6,29	5,50	6,78	5,92
3,8	4,49	4,26	3,28	3,02	3,69	3,39	4,10	3,77	4,51	4,15	4,92	4,53	5,31	4,77	5,76	5,16	6,20	5,56	6,16	5,40	6,63	5,81
4,0	4,38	4,19	3,20	2,97	3,60	3,34	4,00	3,71	4,40	4,08	4,80	4,45	5,18	4,69	5,61	5,08	6,04	5,47	6,00	5,31	6,46	5,72
4,2	4,27	4,12	3,12	2,92	3,51	3,28	3,90	3,65	4,29	4,01	4,68	4,38	5,05	4,61	5,48	4,99	5,90	5,38	5,86	5,22	6,31	5,62
4,4	4,17	4,06	3,05	2,87	3,43	3,23	3,81	3,59	4,19	3,95	4,57	4,31	4,94	4,54	5,35	4,92	5,76	5,30	5,72	5,14	6,16	5,54
4,6	4,08	4,00	2,98	2,83	3,35	3,18	3,73	3,54	4,10	3,89	4,47	4,25	4,83	4,47	5,23	4,84	5,63	5,22	5,59	5,07	6,03	5,46
4,8	4,00	3,94	2,92	2,79	3,28	3,14	3,65	3,49	4,01	3,84	4,38	4,19	4,73	4,41	5,12	4,78	5,52	5,14	5,48	4,99	5,90	5,38
5,0	3,91	3,89	2,86	2,75	3,21	3,10	3,57	3,44	3,93	3,79	4,29	4,13	4,63	4,35	5,02	4,71	5,40	5,07	5,37	4,93	5,78	5,31
5,2	3,84	3,84	2,80	2,72	3,15	3,06	3,50	3,40	3,85	3,74	4,20	4,08	4,54	4,29	4,92	4,65	5,30	5,01	5,26	4,86	5,67	5,24
5,4	3,77	3,77	2,75	2,68	3,09	3,02	3,44	3,35	3,78	3,69	4,13	4,03	4,46	4,24	4,83	4,59	5,20	4,95	5,16	4,80	5,56	5,17
5,6	3,70	3,70	2,70	2,65	3,04	2,98	3,38	3,31	3,71	3,65	4,05	3,98	4,38	4,19	4,74	4,54	5,11	4,89	5,07	4,74	5,46	5,11
5,8	3,63	3,63	2,65	2,62	2,98	2,95	3,32	3,28	3,65	3,60	3,98	3,93	4,30	4,14	4,66	4,48	5,02	4,83	4,98	4,69	5,37	5,05
6,0	3,57	3,57	2,61	2,59	2,93	2,91	3,26	3,24	3,59	3,56	3,91	3,89	4,23	4,09	4,58	4,43	4,93	4,78	4,90	4,64	5,28	4,99
6,2	3,51	3,51	2,57	2,56	2,89	2,88	3,21	3,20	3,53	3,52	3,85	3,84	4,16	4,05	4,51	4,39	4,85	4,72	4,82	4,59	5,19	4,94
6,4	3,46	3,46	2,52	2,52	2,84	2,84	3,16	3,16	3,47	3,47	3,79	3,79	4,09	4,01	4,43	4,34	4,78	4,67	4,74	4,54	5,11	4,89
6,6	3,41	3,41	2,49	2,49	2,80	2,80	3,11	3,11	3,42	3,42	3,73	3,73	4,03	3,96	4,37	4,30	4,70	4,63	4,67	4,49	5,03	4,84
6,8	3,36	3,36	2,45	2,45	2,76	2,76	3,06	3,06	3,37	3,37	3,68	3,68	3,97	3,93	4,30	4,25	4,63	4,58	4,60	4,45	4,95	4,79
7,0	3,31	3,31	2,41	2,41	2,72	2,72	3,02	3,02	3,32	3,32	3,62	3,62	3,91	3,89	4,24	4,21	4,57	4,54	4,53	4,40	4,88	4,74
7,2	3,26	3,26	2,38	2,38	2,68	2,68	2,98	2,98	3,27	3,27	3,57	3,57	3,86	3,85	4,18	4,17	4,50	4,49	4,47	4,36	4,82	4,70
7,4	3,22	3,22	2,35	2,35	2,64	2,64	2,94	2,94	3,23	3,23	3,52	3,52	3,81	3,81	4,12	4,12	4,44	4,44	4,41	4,32	4,75	4,66
7,6	3,17	3,17	2,32	2,32	2,61	2,61	2,90	2,90	3,19	3,19	3,48	3,48	3,76	3,76	4,07	4,07	4,38	4,38	4,35	4,28	4,69	4,61
7,8	3,13	3,13	2,29	2,29	2,57	2,57	2,86	2,86	3,15	3,15	3,43	3,43	3,71	3,71	4,02	4,02	4,33	4,33	4,30	4,25	4,63	4,57
8,0	3,09	3,09	2,26	2,26	2,54	2,54	2,82	2,82	3,11	3,11	3,39	3,39	3,66	3,66	3,97	3,97	4,27	4,27	4,24	4,21	4,57	4,54

1) Die folgenden Tafeln wurden unter Berücksichtigung von zul σ = 10 N/mm², zul τ = 0,9 N/mm² sowie der zulässigen Durchbiegung 1/200 bzw. 1/300 gemäß DIN 1052 aufgestellt. Der jeweils ungünstigste Wert wurde angegeben.

entnommen aus: BAUKALENDER 1982/83, Werner-Verlag

IPE-Stahlträger

entnommen aus: BAUKALENDER 1982/83, Werner-Verlag

Zul. Belastung in kN/m für Einfeldträger mit Gleichstreckenlast unter Berücksichtigung der erf. Kippsicherheit nach DIN 4114[1])

l [m]	IPE 80	100	120	140	160	180	200	220	240	270	300	330	360	400	450	500	550	600
1,50	9,9	17,0	26,4	38,3	54,2	72,6	96,5	125,4	161,2	198,0	237,6	276,0	321,6	385,2	475,2	572,4	686,4	808,8
1,75	7,1	12,2	19,0	27,9	39,5	53,4	70,9	92,1	118,5	156,9	203,6	236,5	275,6	330,1	407,3	490,6	588,3	693,2
2,00	5,3	9,1	14,1	20,8	29,6	40,4	54,0	70,5	90,7	120,1	155,9	199,6	241,2	288,9	356,4	429,3	514,8	606,6
2,25	4,0	6,9	10,8	15,9	22,8	31,2	41,9	55,1	71,6	94,9	123,2	157,7	200,0	258,6	316,8	381,6	457,6	539,2
2,50	3,0	5,3	8,3	12,3	17,9	24,6	33,2	43,8	57,2	76,3	99,8	127,7	162,0	207,8	268,8	343,4	411,8	485,3
2,75	2,2	4,0	6,3	9,5	14,1	19,6	26,7	35,4	46,5	62,2	81,7	105,2	133,9	171,8	222,1	285,8	361,3	441,1
3,00	1,7	3,1	4,9	7,3	11,0	15,6	21,7	29,0	38,3	51,4	67,7	87,4	111,7	143,4	186,5	240,1	303,6	382,0
3,25	1,4	2,4	3,8	5,8	8,7	12,2	17,6	23,8	31,8	42,9	56,7	73,4	94,1	121,0	157,5	203,4	258,7	325,5
3,50	1,1	2,0	3,0	4,6	6,9	9,8	14,1	19,5	26,6	36,1	48,0	62,3	80,0	103,1	134,3	173,7	221,3	279,5
3,75	0,9	1,6	2,5	3,7	5,6	7,9	11,4	15,8	22,2	30,4	40,8	53,3	68,6	88,5	115,5	149,8	190,8	241,4
4,00	0,7	1,3	2,1	3,1	4,6	6,5	9,3	12,9	18,3	25,5	34,8	45,7	59,2	76,5	100,0	129,8	165,8	210,0
4,25		1,1	1,7	2,6	3,9	5,4	7,8	10,7	15,1	21,1	29,5	39,3	51,2	66,5	87,0	113,2	144,9	183,1
4,50		0,9	1,4	2,2	3,3	4,6	6,5	9,0	12,7	17,7	24,7	33,6	44,3	57,9	76,0	99,1	127,2	161,9
4,75		0,8	1,2	1,8	2,8	3,9	5,5	7,6	10,7	14,9	20,7	28,4	38,3	50,4	66,4	87,0	112,0	143,0
5,00		0,7	1,1	1,6	2,4	3,3	4,8	6,5	9,2	12,6	17,5	24,0	32,5	43,6	57,8	76,2	98,8	126,7
5,25		0,6	0,9	1,4	2,1	2,9	4,1	5,6	7,9	10,9	15,0	20,5	27,7	37,2	49,7	66,5	87,0	112,3
5,50		0,5	0,8	1,2	1,8	2,5	3,6	4,9	6,9	9,4	12,9	17,7	23,8	31,9	42,5	57,2	76,1	99,4
5,75			0,7	1,0	1,6	2,2	3,1	4,3	6,0	8,2	11,3	15,4	20,7	27,6	36,7	49,2	65,7	87,4
6,00			0,6	0,9	1,4	1,9	2,8	3,8	5,3	7,2	9,9	13,4	18,0	24,1	31,9	42,7	56,9	75,9
6,25			0,5	0,8	1,2	1,7	2,4	3,3	4,7	6,3	8,7	11,8	15,8	21,1	28,0	37,3	49,7	66,1
6,50			0,5	0,7	1,1	1,5	2,2	3,0	4,2	5,6	7,7	10,5	14,0	18,8	24,6	32,8	43,6	58,0
6,75				0,6	1,0	1,3	1,9	2,6	3,7	5,0	6,8	9,3	12,4	16,5	21,3	29,0	38,5	51,1
7,00				0,6	0,9	1,2	1,7	2,4	3,3	4,5	6,1	8,3	11,1	14,7	19,4	25,7	34,2	45,3
7,25				0,5	0,8	1,1	1,6	2,1	3,0	4,1	5,5	7,5	9,9	13,2	17,3	23,0	30,5	40,4
7,50				0,5	0,7	1,0	1,4	1,9	2,7	3,7	4,9	6,7	9,0	11,9	15,5	20,6	27,3	36,2
7,75					0,6	0,9	1,3	1,7	2,5	3,3	4,5	6,1	8,1	10,7	14,0	18,6	24,6	32,5
8,00					0,6	0,8	1,2	1,6	2,2	3,0	4,1	5,5	7,3	9,7	12,7	16,8	22,2	29,3
8,25					0,5	0,7	1,1	1,4	2,0	2,7	3,7	5,0	6,7	8,8	11,5	15,2	20,2	26,6
8,50					0,5	0,7	1,0	1,3	1,9	2,5	3,4	4,6	6,1	8,1	10,5	13,9	18,3	24,2
8,75						0,6	0,9	1,3	1,7	2,3	3,1	4,2	5,6	7,4	9,6	12,7	16,7	22,0
9,00						0,5	0,8	1,1	1,6	2,1	2,8	3,9	5,1	6,8	8,8	11,6	15,3	20,1
9,25						0,5	0,7	1,0	1,4	1,9	2,6	3,6	4,7	6,2	8,1	10,6	14,1	18,5
9,50						0,5	0,7	0,9	1,3	1,7	2,4	3,3	4,3	5,7	7,5	9,8	12,9	17,0
9,75							0,7	0,9	1,2	1,6	2,2	3,0	4,0	5,3	6,9	9,0	11,9	15,7
10,00							0,6	0,8	1,1	1,5	2,1	2,8	3,7	4,9	6,4	8,4	11,0	14,5
10,25								0,8	1,1	1,4	1,9	2,6	3,5	4,6	5,9	7,7	10,2	13,4
10,50								0,7	1,0	1,3	1,8	2,4	3,2	4,2	5,5	7,2	9,5	12,4
10,75								0,6	0,9	1,2	1,7	2,3	3,0	3,9	5,1	6,7	8,8	11,6
11,00								0,6	0,9	1,2	1,6	2,1	2,8	3,7	4,8	6,2	8,2	10,8
11,25									0,8	1,1	1,5	2,0	2,6	3,4	4,5	5,8	7,7	10,1
11,50									0,7	1,0	1,4	1,8	2,4	3,2	4,2	5,4	7,2	9,4
11,75									0,7	0,9	1,3	1,7	2,3	3,0	3,9	5,1	6,7	8,8
12,00									0,7	0,9	1,2	1,6	2,1	2,8	3,7	4,3	6,3	8,2

[1]) Die folgenden Tafeln wurden unter Berücksichtigung der erf. Kippsicherheit nach DIN 4114, Ri 15 ($\beta = \beta_o = 1$, Lastangriff am Oberflansch), der zul. Spannungen nach DIN 1050 (zul $\sigma = 140$ N/mm² zul $\tau = 90$ N/mm², zul $\sigma_v = 180$ N/mm²) und einer zul. Durchbiegung von $l/300$ bei Stützweiten über 5,0 m aufgestellt. Der jeweils ungünstigste Wert wurde angegeben.

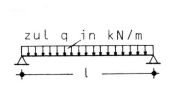

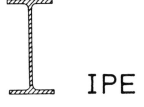

A 18

IPBl-Stahlträger

entnommen aus: BAUKALENDER 1982/83, Werner-Verlag

Zul. Belastung in kN/m für Einfeldträger mit Gleichstreckenlast unter Berücksichtigung der erf. Kippsicherheit (Fortsetzung) 1)

l [m]	100	120	140	160	180	200	220	240	260	280	IPBl 300	320	340	360	400	450	500	550	600	650
1,50	36,2	52,7	76,5	96,5	109,4	133,2	158,5	186,0	202,8	234,0	267,6	301,2	338,4	378,0	464,4	549,6	639,6	738,0	842,4	952,8
1,75	26,6	38,7	56,7	80,4	93,8	114,1	135,7	159,4	173,6	200,5	229,3	258,1	290,0	324,0	398,0	471,1	548,2	632,5	722,0	816,7
2,00	20,4	29,6	43,3	61,6	82,0	99,9	118,8	139,5	152,1	175,5	200,7	225,9	253,8	283,5	348,3	412,2	479,7	553,5	631,8	714,6
2,25	16,1	23,4	34,3	48,6	65,0	86,0	105,2	124,0	135,2	156,0	178,4	200,8	225,6	252,0	309,6	366,4	426,4	492,0	561,6	635,2
2,50	13,0	19,0	27,7	39,4	52,7	69,9	92,3	111,6	121,7	140,4	160,5	180,7	203,1	226,8	278,6	329,7	383,7	442,8	505,4	571,7
2,75	10,8	15,7	22,9	32,6	43,5	57,6	76,2	99,9	110,6	127,6	145,9	164,3	184,6	206,2	253,3	299,8	348,8	402,5	459,5	519,7
3,00	9,0	13,2	19,2	27,3	36,6	48,3	64,1	84,0	101,4	117,0	133,8	150,6	169,2	189,0	232,2	274,8	319,8	369,0	421,2	476,4
3,25	7,7	11,2	16,4	23,3	31,1	41,2	54,6	71,5	88,6	107,1	123,5	139,0	156,2	174,4	214,3	253,6	295,2	340,6	388,8	439,7
3,50	6,6	9,7	14,1	20,1	26,9	35,5	47,1	61,7	76,4	92,3	114,7	129,1	145,0	162,0	199,0	235,5	274,1	316,3	361,0	408,3
3,75	5,8	8,4	12,3	17,5	23,4	31,0	41,0	53,7	66,6	80,4	100,3	117,8	133,8	150,5	183,9	219,8	255,8	295,2	336,9	381,1
4,00	5,1	7,4	10,8	15,4	20,5	27,2	36,0	47,2	58,5	70,7	88,2	103,6	117,6	132,3	161,7	203,0	239,8	276,7	315,9	357,3
4,25	4,5	6,5	9,6	13,6	18,2	24,1	31,9	41,8	51,8	62,6	78,1	91,7	104,1	117,2	143,2	180,0	220,1	257,3	297,0	336,2
4,50	4,0	5,8	8,5	12,1	16,2	21,5	28,5	37,3	46,2	55,8	69,7	81,8	92,9	104,5	127,7	160,4	196,3	229,5	264,9	302,5
4,75	3,6	5,2	7,6	10,9	14,5	19,3	25,5	33,5	41,5	50,1	62,5	73,4	83,4	93,8	114,6	143,9	176,2	205,2	237,7	271,5
5,00	3,2	4,6	6,8	9,7	13,0	17,4	23,0	30,2	37,4	45,2	56,4	66,3	75,2	84,6	103,5	129,9	159,0	185,9	214,6	245,0
5,25	1,3	2,2	3,8	6,2	9,3	13,7	20,0	27,4	33,9	41,0	51,2	60,1	68,2	76,8	93,3	117,8	144,2	168,6	194,6	222,2
5,50	1,1	1,9	3,3	5,4	8,1	11,9	17,4	25,0	30,9	37,4	46,6	54,8	62,2	69,9	85,5	107,3	131,4	153,6	177,3	202,4
5,75	1,0	1,7	2,9	4,7	7,1	10,4	15,2	21,9	28,3	34,2	42,7	50,1	56,9	64,0	78,2	98,2	120,2	140,6	161,7	184,1
6,00	0,8	1,5	2,5	4,1	6,2	9,1	13,4	19,3	25,9	31,4	39,2	46,0	52,2	58,8	71,8	90,2	110,4	128,5	147,6	168,0
6,25	0,7	1,3	2,2	3,6	5,5	8,1	11,9	17,0	23,0	28,9	36,1	42,4	48,1	54,2	66,2	83,1	101,6	117,8	135,2	153,7
6,50	0,7	1,1	2,0	3,2	4,9	7,2	10,5	15,1	20,4	26,7	33,4	39,2	44,5	50,1	61,2	76,5	93,4	108,2	124,1	141,0
6,75	0,6	1,0	1,8	2,9	4,4	6,4	9,4	13,5	18,2	23,8	30,9	36,3	41,3	46,4	56,5	70,5	86,1	99,7	114,2	129,7
7,00	0,5	0,9	1,6	2,6	3,9	5,7	8,4	12,1	16,3	21,4	28,6	33,7	38,2	43,0	53,3	65,2	79,6	92,0	105,4	119,6
7,25		0,8	1,4	2,3	3,5	5,2	7,6	10,9	14,7	19,2	25,7	31,2	35,4	39,9	48,5	60,4	78,7	85,2	97,4	110,4
7,50		0,7	1,3	2,1	3,2	4,7	6,9	9,8	13,3	17,4	23,2	29,1	32,9	37,1	45,1	56,1	68,4	78,9	90,2	102,0
7,75		0,7	1,2	1,9	2,8	4,2	6,2	8,8	12,0	15,7	21,0	26,4	30,7	34,5	41,9	52,2	63,6	73,3	83,6	94,4
8,00		0,6	1,1	1,7	2,6	3,8	5,6	8,1	10,9	14,3	19,1	24,0	28,6	32,2	39,1	48,6	59,2	68,1	77,5	87,4
8,25		0,5	1,0	1,6	2,4	3,5	5,1	7,4	10,0	13,0	17,4	21,9	26,2	30,1	36,5	45,2	55,1	63,4	72,0	80,9
8,50		0,5	0,9	1,4	2,2	3,2	4,7	6,8	9,1	11,9	15,9	20,0	24,2	28,2	34,2	42,5	51,5	59,0	66,8	74,9
8,75		0,5	0,8	1,3	2,0	2,9	4,3	6,2	8,3	10,9	14,6	18,3	22,2	26,4	32,0	39,7	48,1	55,0	62,0	69,2
9,00			0,7	1,2	1,8	2,7	4,0	5,7	7,7	10,0	13,4	16,9	20,4	24,3	30,0	37,1	45,0	51,2	57,5	63,8
9,25			0,7	1,1	1,7	2,5	3,6	5,2	7,1	9,2	12,4	15,5	18,8	22,4	28,2	34,8	42,1	47,7	53,3	58,4
9,50			0,6	1,0	1,5	2,3	3,4	4,8	6,5	8,5	11,4	14,3	17,3	20,7	26,4	32,6	39,3	44,3	49,0	53,6
9,75			0,6	0,9	1,4	2,1	3,1	4,5	6,0	7,9	10,5	13,3	16,0	19,1	24,9	30,6	36,8	41,2	45,1	49,3
10,00			0,5	0,9	1,3	2,0	2,9	4,1	5,6	7,3	9,8	12,3	14,8	17,3	23,3	28,6	34,3	38,0	41,6	45,4
10,25				0,8	1,2	1,8	2,5	3,8	5,2	6,8	9,1	11,4	13,8	16,4	21,9	26,8	32,0	35,2	38,5	42,0
10,50				0,7	1,1	1,7	2,3	3,6	4,8	6,3	8,4	10,6	12,8	15,3	20,6	25,1	29,7	32,6	35,7	38,9
10,75				0,7	1,0	1,6	2,1	3,3	4,5	5,9	7,9	9,9	11,9	14,3	19,3	23,4	27,6	30,3	33,1	36,1
11,00				0,6	0,9	1,5	2,2	3,1	4,2	5,5	7,3	9,2	11,1	13,3	18,2	21,8	25,7	28,2	30,8	33,6
11,25				0,6	0,9	1,4	2,0	2,9	3,9	5,1	6,9	8,6	10,4	12,4	17,0	20,3	24,0	26,3	28,7	31,3
11,50				0,6	0,9	1,3	1,9	2,7	3,7	4,9	6,4	8,1	9,7	11,6	15,9	19,0	22,5	24,6	26,8	29,2
11,75				0,5	0,8	1,2	1,8	2,5	3,4	4,5	6,0	7,6	9,1	10,9	14,9	17,8	21,0	23,0	25,1	27,3
12,00				0,5	0,7	1,1	1,7	2,4	3,2	4,2	5,6	7,1	8,6	10,3	14,0	16,7	19,7	21,5	23,5	25,6

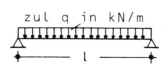

IPBl
HE-A

IPB-Stahlträger

entnommen aus: BAUKALENDER 1982/83, Werner-Verlag

Zul. Belastung in kN/m für Einfeldträger mit Gleichstreckenlast unter Berücksichtigung der erf. Kippsicherheit (Fortsetzung)[1]

l [m]	100	120	140	160	180	200	220	240	260	280	300	IPB 320	340	360	400	450	500	550	600	650
1,50	44,7	71,6	97,4	128,4	154,8	183,6	214,9	247,2	270,0	307,2	345,6	385,2	427,2	472,8	570,0	668,4	772,8	885,6	1004,4	1129,2
1,75	32,8	52,6	79,0	110,0	132,7	157,3	184,1	211,9	231,4	263,3	296,2	330,1	366,1	405,2	488,5	572,9	662,4	759,0	860,9	967,9
2,00	25,1	40,3	60,4	87,0	116,1	137,7	161,1	185,4	202,5	230,4	259,2	288,9	320,4	354,6	427,5	501,3	579,6	664,2	753,3	846,9
2,25	19,9	31,8	47,8	68,8	94,2	122,4	143,2	164,8	180,0	204,8	230,4	256,8	284,8	315,2	380,0	445,6	515,2	590,4	669,6	752,8
2,50	16,1	25,8	38,7	55,7	76,3	102,1	128,9	148,3	162,0	184,3	207,3	231,1	256,3	283,7	342,0	401,0	463,6	531,3	602,6	677,5
2,75	13,3	21,3	32,0	46,0	63,0	84,4	109,0	134,3	147,2	167,5	188,5	210,1	233,0	257,9	310,9	364,6	421,5	483,0	547,8	615,9
3,00	11,2	17,9	26,9	38,7	53,0	70,9	91,6	116,7	135,0	153,6	172,8	192,6	213,6	236,4	295,0	334,2	386,4	442,8	502,2	564,6
3,25	9,5	15,2	22,9	32,9	45,1	60,4	78,0	99,4	121,9	141,8	159,5	177,8	197,1	218,2	263,0	308,4	356,6	408,7	463,5	521,1
3,50	8,2	13,1	19,7	28,4	38,9	52,1	67,3	85,7	105,1	126,1	148,1	165,1	183,1	202,6	244,3	286,4	331,2	379,5	430,4	483,9
3,75	7,1	11,4	17,2	24,7	33,9	45,4	58,6	74,7	91,5	109,9	133,8	153,7	170,9	169,1	228,0	267,3	309,1	354,2	401,7	451,7
4,00	6,3	10,0	15,1	21,7	29,8	39,9	51,5	65,6	80,5	96,6	117,6	135,1	151,1	168,0	201,6	248,5	289,8	332,1	376,6	423,4
4,25	5,5	8,9	13,4	19,3	26,4	35,4	45,6	58,1	71,3	85,5	104,1	119,6	133,9	148,8	178,5	200,1	266,0	309,1	353,4	398,5
4,50	5,0	7,9	11,9	17,2	23,5	31,5	40,7	51,8	63,6	76,3	92,9	106,7	119,4	132,7	159,3	196,3	237,2	274,9	315,2	358,4
4,75	4,5	7,1	10,7	15,4	21,1	28,3	36,5	46,5	57,1	68,5	83,3	95,8	107,1	119,1	142,9	176,2	212,9	246,7	282,9	321,6
5,00	4,0	6,4	9,7	13,9	19,1	25,5	32,9	42,0	51,5	61,8	75,2	86,4	96,7	107,5	129,0	159,0	192,2	222,6	255,3	290,3
5,25	1,6	3,2	5,6	9,2	14,2	21,2	29,9	38,1	46,7	56,0	68,2	78,4	87,7	97,7	117,0	144,2	174,3	201,9	231,6	263,3
5,50	1,4	2,8	4,9	8,0	12,3	18,4	26,1	34,1	42,5	51,1	62,2	71,4	79,9	88,8	106,6	131,4	158,8	184,0	211,0	239,9
5,75	1,2	2,4	4,2	7,0	10,8	16,1	22,8	31,7	38,9	46,7	56,9	65,3	73,1	61,3	97,5	120,2	145,3	168,3	193,1	219,5
6,00	1,1	2,1	3,7	6,2	9,5	14,1	20,1	28,0	35,7	42,9	52,2	60,0	67,2	74,6	89,6	110,4	133,4	154,6	177,3	201,6
6,25	1,0	1,9	3,3	5,4	8,4	12,5	17,8	24,7	32,8	39,5	48,1	55,3	61,9	68,8	82,5	101,8	123,0	142,5	163,4	185,2
6,50	0,9	1,7	2,9	4,8	7,4	11,1	15,8	22,0	29,1	36,6	44,5	51,1	57,2	63,6	76,3	94,1	113,7	131,7	150,8	170,3
6,75	0,8	1,5	2,6	4,3	6,7	9,9	14,1	19,6	26,0	33,6	41,3	47,4	53,1	59,0	70,8	87,2	105,4	122,1	139,1	156,9
7,00	0,7	1,3	2,3	4,0	6,0	8,9	12,6	17,6	23,3	30,1	38,4	44,1	49,3	54,8	65,8	81,1	98,0	113,1	128,8	145,0
7,25	0,6	1,2	2,1	3,5	5,4	8,0	11,4	15,8	21,0	27,1	35,0	41,1	46,0	51,1	61,3	75,6	91,4	104,9	119,2	134,3
7,50	0,6	1,1	1,9	3,1	4,8	7,2	10,2	14,3	19,0	24,5	32,0	38,4	43,0	47,8	57,3	70,7	85,1	97,5	110,7	124,6
7,75	0,5	1,0	1,7	2,9	4,4	6,5	9,3	13,0	17,2	22,2	29,0	35,5	40,2	44,7	53,7	66,1	79,3	90,8	103,0	115,8
8,00		0,9	1,6	2,6	4,0	5,9	8,5	11,8	15,6	20,2	26,4	32,3	37,8	42,0	50,4	61,8	74,0	84,7	96,9	107,7
8,25		0,8	1,4	2,4	3,6	5,4	7,7	10,7	14,2	18,4	24,0	29,4	35,0	39,5	47,4	57,8	69,2	79,1	89,5	100,4
8,50		0,7	1,3	2,2	3,3	5,0	7,0	9,8	13,0	16,8	22,0	26,9	32,0	37,2	44,5	54,2	64,9	74,1	83,7	93,6
8,75		0,7	1,2	2,0	3,0	4,5	6,5	9,1	11,9	15,4	20,1	24,7	29,4	34,6	41,8	50,9	60,9	69,4	78,2	87,4
9,00		0,6	1,1	1,9	2,8	4,2	5,9	8,3	11,1	14,2	18,5	22,7	27,0	31,8	39,3	47,8	57,2	65,1	73,3	81,6
9,25		0,6	1,0	1,7	2,6	3,8	5,5	7,6	10,1	13,0	17,0	20,9	24,8	29,3	37,0	45,0	53,8	61,1	68,6	76,2
9,50		0,5	0,9	1,5	2,4	3,5	5,0	7,0	9,3	12,0	15,7	19,3	22,9	27,0	34,9	42,5	50,6	57,4	64,3	71,2
9,75		0,5	0,8	1,4	2,1	3,3	4,7	6,5	8,6	11,1	14,6	17,8	21,2	25,0	33,0	40,1	47,7	54,0	60,3	66,4
10,00			0,8	1,3	2,0	3,0	4,3	6,0	8,0	10,3	13,5	16,5	19,7	23,2	30,9	37,8	45,0	50,8	56,5	62,0
10,25			0,7	1,2	1,9	2,8	4,0	5,6	7,4	9,6	12,5	15,3	18,2	21,5	28,7	35,8	42,5	47,8	52,9	57,5
10,50			0,7	1,1	1,7	2,6	3,7	5,2	6,9	8,9	11,6	14,3	17,0	20,0	26,7	33,8	40,1	45,0	49,5	53,4
10,75			0,6	1,0	1,6	2,4	3,5	4,8	6,4	8,3	10,8	13,3	15,8	18,6	24,9	32,0	37,9	42,3	46,2	49,6
11,00			0,6	1,0	1,5	2,3	3,2	4,5	6,0	7,7	10,1	12,4	14,8	17,4	23,2	30,3	35,8	39,8	43,0	46,0
11,25			0,5	0,9	1,4	2,1	3,0	4,2	5,6	7,2	9,5	11,6	13,8	16,3	21,7	28,7	33,8	37,4	40,2	43,1
11,50			0,5	0,8	1,3	2,0	2,8	3,9	5,2	6,8	8,9	10,9	12,9	15,2	20,3	27,2	32,0	34,9	37,7	40,3
11,75			0,5	0,8	1,2	1,9	2,6	3,7	4,9	6,3	8,3	10,2	12,1	14,2	19,1	25,9	30,2	32,7	35,2	37,7
12,00				0,7	1,2	1,7	2,5	3,5	4,6	6,0	7,8	9,5	11,4	13,4	17,9	24,4	28,5	30,7	33,0	35,4

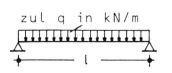
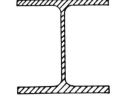

IPB
HE-B

IPBv-Stahlträger

entnommen aus: BAUKALENDER 1982/83, Werner-Verlag

Zul. Belastung in kN/m für Einfeldträger mit Gleichstreckenlast unter Berücksichtigung der erf. Kippsicherheit (Fortsetzung)[1]

l [m]	100	120	140	160	180	200	220	240	260	280	IPBv 300	305[2]	320	340	360	400	450	500	550	600	650
1,50	94,5	143,3	181,2	225,6	264,0	306,5	349,5	445,2	486,0	541,2	660,0	502	703	748	794	686	1003	1113	1236	1356	1476
1,75	69,5	103,3	150,3	193,3	226,2	262,2	299,3	381,6	416,5	463,9	565,7	430	602	641	680	760	859	958	1059	1162	1265
2,00	53,2	80,6	115,0	158,4	198,0	229,5	261,9	333,9	364,5	405,9	495,0	377	527	561	595	665	752	838	927	1017	1107
2,25	42,0	63,7	90,9	125,2	165,5	204,0	232,8	296,8	324,0	360,8	440,0	335	468	499	529	591	668	745	824	904	984
2,50	34,0	51,6	73,6	101,4	134,0	173,3	209,5	267,1	291,6	324,7	396,0	301	421	449	476	532	601	671	741	813	885
2,75	28,1	42,6	60,8	83,8	110,7	143,3	180,7	242,8	265,1	295,2	360,0	274	383	408	433	483	547	610	674	739	805
3,00	23,6	35,8	51,1	70,4	93,0	120,3	151,8	212,6	243,0	270,6	330,0	251	351	374	397	443	501	559	618	678	738
3,25	20,1	30,5	43,6	60,0	79,3	102,5	129,3	190,8	224,3	249,8	304,8	232	324	345	366	409	463	516	570	625	681
3,50	17,3	26,3	37,5	51,7	68,3	88,4	111,5	164,5	197,4	231,3	282,8	215	301	320	340	380	429	479	523	581	632
3,75	15,1	22,9	32,7	45,0	59,5	77,0	97,1	143,3	172,0	203,1	264,0	201	281	299	317	354	401	447	494	542	590
4,00	13,3	20,1	28,7	39,6	52,7	67,7	85,4	126,0	151,2	178,5	243,6	179	263	280	297	332	376	419	463	508	553
4,25	11,8	17,8	25,5	35,1	46,3	59,9	75,6	111,6	133,9	158,1	215,7	158	235	251	266	298	341	383	429	474	520
4,50	10,5	15,9	22,7	31,3	41,3	53,4	67,4	99,5	119,4	141,0	192,4	141	210	224	237	266	304	341	382	423	466
4,75	9,4	14,3	20,4	28,1	37,1	48,0	60,5	89,3	107,2	126,6	172,7	127	188	201	213	239	273	306	343	380	418
5,00	8,5	12,9	18,4	25,3	33,5	43,3	54,6	80,6	96,7	114,2	155,9	114	170	181	192	215	246	276	310	343	377
5,25	4,2	7,5	12,2	18,9	27,7	39,2	49,5	73,1	87,7	103,6	141,4	104	154	164	174	195	223	251	281	311	342
5,50	3,6	6,5	10,6	16,4	24,1	34,3	45,1	66,6	79,9	94,4	128,8	94	140	149	159	178	203	228	256	283	312
5,75	3,2	5,7	9,3	14,4	21,1	30,0	41,2	60,9	73,1	86,4	117,9	86	128	137	145	163	186	209	234	259	285
6,00	2,8	5,0	8,1	12,6	18,6	26,4	36,3	56,0	67,2	79,3	108,2	79	118	126	133	149	171	192	215	238	262
6,25	2,5	4,4	7,2	11,2	16,4	23,3	32,1	51,6	61,9	73,1	99,7	73	108	116	123	138	157	177	198	219	241
6,50	2,2	3,9	6,4	9,9	14,6	20,8	28,5	47,4	57,2	67,6	92,2	67	100	107	113	127	145	163	183	203	223
6,75	2,0	3,5	5,7	8,9	13,0	18,5	25,5	42,4	53,1	62,7	85,5	62	93	99	105	118	135	151	170	188	207
7,00	1,8	3,1	5,1	8,0	11,7	16,6	22,8	38,0	49,0	58,3	79,5	58	86	92	98	110	125	141	158	175	192
7,25	1,6	2,8	4,6	7,2	10,5	15,0	20,5	34,2	44,1	54,3	74,1	54	80	86	91	102	117	131	147	163	179
7,50	1,4	2,5	4,2	6,5	9,5	13,5	18,5	30,9	39,8	50,3	69,3	50	75	80	85	95	109	123	137	152	167
7,75	1,3	2,3	3,8	5,9	8,6	12,2	16,8	28,0	36,1	45,9	64,9	47	70	75	80	89	102	115	129	142	157
8,00	1,2	2,1	3,4	5,3	7,8	11,1	15,3	25,4	32,8	41,4	60,9	42	66	70	75	84	96	108	121	134	147
8,25	1,1	1,9	3,1	4,8	7,1	10,1	13,9	23,2	29,9	37,8	56,6	39	62	66	70	79	90	101	113	126	137
8,50	1,0	1,7	2,8	4,4	6,5	9,3	12,7	21,2	27,3	34,5	51,7	35	58	62	66	74	85	95	107	118	129
8,75	0,9	1,6	2,6	4,1	6,0	8,5	11,7	19,4	25,1	31,7	47,4	32	54	59	62	70	80	90	101	112	121
9,00	0,8	1,5	2,4	3,7	5,5	7,8	10,7	17,9	23,0	29,1	43,6	30	50	55	59	66	76	85	95	105	114
9,25	0,7	1,3	2,2	3,4	5,0	7,2	9,9	16,4	21,2	26,8	40,1	27	46	51	56	63	71	80	90	99	107
9,50	0,7	1,2	2,0	3,1	4,7	6,6	9,1	15,0	19,6	24,7	37,0	25	42	47	53	59	68	76	85	93	101
9,75	0,6	1,1	1,9	2,9	4,3	6,1	8,4	14,0	18,1	22,9	34,3	23	39	44	49	56	64	72	81	88	95
10,00	0,6	1,1	1,7	2,7	4,0	5,7	7,8	13,0	16,8	21,2	31,8	21	36	41	45	53	61	69	77	83	90
10,25	0,5	1,0	1,6	2,5	3,7	5,3	7,2	12,1	15,6	19,7	29,5	20	33	38	42	51	58	65	73	79	85
10,50	0,5	0,9	1,5	2,3	3,4	4,9	6,7	11,2	14,5	18,3	27,4	18	31	35	39	48	55	62	69	75	80
10,75	0,5	0,8	1,4	2,2	3,2	4,5	6,3	10,5	13,5	17,1	25,6	17	29	33	36	44	53	59	66	71	76
11,00		0,8	1,3	2,0	3,0	4,2	5,9	9,8	12,6	15,9	23,9	16	27	30	34	41	50	57	63	67	72
11,25		0,7	1,2	1,9	2,8	4,0	5,5	9,1	11,8	14,9	22,3	15	25	28	32	39	48	54	60	64	68
11,50		0,7	1,1	1,8	2,6	3,7	5,1	8,5	11,0	13,9	21,0	14	24	26	29	36	46	52	57	61	65
11,75		0,6	1,1	1,7	2,4	3,5	4,8	8,0	10,3	13,1	19,6	13	22	25	28	34	43	50	54	58	61
12,00		0,6	1,0	1,7	2,3	3,3	4,5	7,5	9,7	12,3	18,4	12	21	23	26	32	40	47	52	55	58

[1] Nach EURONORM 53-62 (HE-M)

[2]

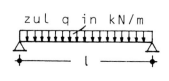

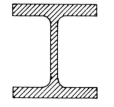

IPBv
HE-M

Stützen aus Stahlbeton

B 25   BSt 420 S   Nach DIN 1045

| Stützenquerschnitt (cm²) ≈ zul. Stützenlast (kN) |
| 1 % vom Stützenquerschnitt ≈ Längsbewehrung (cm²) |

Beispiel: Stütze 30·40 cm →   zul N = 1200 kN
            1 % von 30·40   →   12 cm² (3 Ø 14)

Bei einer Geschoßdeckenlast von 10 kN/m² folgt:

| 10 cm² Stützenquerschnitt für 1 m² Deckenfläche |

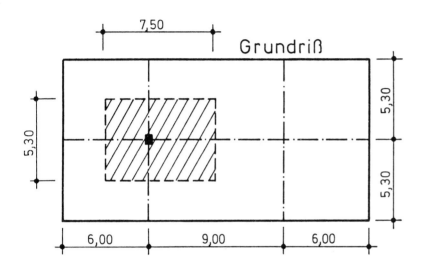

Beispiel:

Belastungsfläche 5,3·7,5 = 39,75 m²

Geschoßlast je Stütze: 397,5 kN

im 2.OG   397,5 cm²
√397,5 = 19,9 cm² →   20/20 cm
                        (Mindestquerschnitt)

Bewehrung: 4 cm²   →   4 Ø 12 mm

im 1.OG   2·397,5 = 795 cm²
√795 = 28,2 cm   →   30/30 cm
                   oder 20/40 cm

Bewehrung: 9 cm²   →   4 Ø 18 mm
                   oder 8 Ø 12 mm

im EG   3·397,5 = 1192 cm²
√1192 = 34,5 cm   →   35/35 cm
                   oder 30/40 cm

Bewehrung: 12 cm²   →   4 Ø 20 mm
                   oder 8 Ø 14 mm

Randstützen in der Außenwand erhalten weniger Last,
jedoch zusätzliche Momente.

Ausführliche Tabellen zur Bemessung von Stahlbetonstützen mit Rechteck- oder Kreisquerschnitt, unverschieblich oder verschieblich gehalten, mittig oder ausmittig belastet, für Betongüte B 25, B 35 und B 45
siehe Maaß: Tragfähigkeitstafeln für Stahlbetonstützen Werner-Verlag.

Quadratische Stahlbetonstützen

unverschieblich gehalten; mittig belastet BSt 420 S

Zul. Tragkraft in kN für B 25 (obere Zeile), B 35 (untere Zeile)

Auszug aus Maaß: Tragfähigkeitstafeln für Stahlbetonstützen, Werner-Verlag

20	\multicolumn{4}{c}{Knicklänge s_K in m}	24	\multicolumn{4}{c}{Knicklänge s_K in m}
20	2,50	3,00	3,50	4,00	24	3,00	3,50	4,00	4,50
4 Ø 14	456,5 / 561,2	354,0 / 434,9	338,4 / 406,9	316,3 / 381,0	4 Ø 14	603,2 / 754,0	472,2 / 593,0	452,6 / 567,2	428,3 / 534,7
4 Ø 16	494,2 / 598,9	385,5 / 466,8	363,5 / 441,6	339,7 / 412,9	4 Ø 16	640,8 / 791,7	504,9 / 622,8	480,2 / 593,3	460,8 / 562,0
4 Ø 18	536,9 / 641,7	416,1 / 499,1	392,4 / 473,3	366,0 / 436,3	4 Ø 18	683,6 / 834,4	537,0 / 654,8	515,3 / 630,7	486,3 / 597,7
4 Ø 20	584,7 / 685,4	457,1 / 532,4	428,3 / 506,4	401,0 / 475,5	4 Ø 20	731,3 / 882,2	573,7 / 691,0	547,0 / 662,4	523,2 / 627,5
4 Ø 22	637,4 / 742,2	489,3 / 571,4	464,3 / 538,8	436,1 / 509,7	4 Ø 22	784,1 / 935,0	612,1 / 731,4	589,6 / 699,9	560,7 / 668,0
4 Ø 25	726,0 / 830,8	554,7 / 634,4	526,3 / 594,5	488,8 / 560,8	4 Ø 25	872,7 / 1023,6	676,7 / 796,3	652,3 / 762,2	617,7 / 727,4

30	\multicolumn{4}{c}{Knicklänge s_K in m}	35	\multicolumn{4}{c}{Knicklänge s_K in m}
30	3,75	4,25	5,00	6,00	35	4,50	5,00	6,00	7,00
4 Ø 16	910,8 / 1146,6	717,2 / 907,4	688,3 / 863,7	632,0 / 794,9	4 Ø 18	1224,4 / 1545,2	966,8 / 1218,6	919,9 / 1147,6	844,5 / 1068,2
4 Ø 18	953,6 / 1189,3	751,6 / 941,7	720,5 / 899,3	666,8 / 826,6	4 Ø 20	1272,2 / 1593,0	999,2 / 1262,4	945,0 / 1182,5	883,3 / 1108,8
4 Ø 20	1001,3 / 1237,0	789,1 / 976,8	758,5 / 936,4	700,7 / 857,7	4 Ø 22	1324,9 / 1645,8	1044,4 / 1303,6	988,7 / 1225,4	940,2 / 1142,2
4 Ø 22	1054,1 / 1289,8	829,8 / 1018,9	801,1 / 975,5	739,2 / 897,3	4 Ø 25	1413,5 / 1734,4	1109,4 / 1360,5	1055,8 / 1289,8	1007,6 / 1203,8
4 Ø 25	1142,7 / 1378,4	901,1 / 1084,9	866,1 / 1032,5	799,7 / 966,1	8 Ø 20	1523,5 / 1844,3	1196,1 / 1449,4	1142,2 / 1361,7	1046,3 / 1268,0
8 Ø 20	1252,7 / 1488,4	976,6 / 1165,0	937,3 / 1113,6	853,6 / 1018,0	8 Ø 25	1806,2 / 2127,1	1404,3 / 1664,6	1331,1 / 1570,1	1238,6 / 1459,9

40	\multicolumn{4}{c}{Knicklänge s_K in m}	45	\multicolumn{4}{c}{Knicklänge s_K in m}
40	5,00	6,00	7,00	8,00	45	6,00	7,00	8,00	9,00
4 Ø 22	1637,4 / 2056,6	1301,4 / 1632,6	1219,7 / 1531,8	1148,0 / 1444,5	8 Ø 18	1648,3 / 2060,8	1623,6 / 2021,8	1528,2 / 1906,6	1446,9 / 1814,8
4 Ø 25	1726,0 / 2145,1	1360,7 / 1696,4	1285,9 / 1599,7	1208,2 / 1497,6	8 Ø 20	1733,3 / 2140,0	1683,1 / 2098,1	1615,6 / 1976,8	1516,4 / 1878,4
8 Ø 20	1836,0 / 2255,0	1446,4 / 1767,5	1356,0 / 1649,6	1283,3 / 1551,7	8 Ø 22	1832,3 / 2229,4	1768,2 / 2181,7	1688,2 / 2066,7	1585,6 / 1960,6
8 Ø 22	1941,5 / 2360,6	1528,0 / 1857,6	1432,0 / 1749,7	1342,3 / 1637,7	8 Ø 25	1946,4 / 2359,2	1920,0 / 2318,9	1816,1 / 2190,1	1708,5 / 2077,1
8 Ø 25	2118,7 / 2537,8	1671,2 / 2004,7	1449,9 / 1882,2	1482,6 / 1763,1	12 Ø 25	2245,2 / 2676,1	2219,0 / 2633,2	2112,1 / 2516,5	1987,5 / 2345,4
12 Ø 25	2511,4 / 2930,5	1974,7 / 2276,1	1852,0 / 2168,7	1750,4 / 2034,3	16 Ø 25	2556,2 / 2978,8	2512,5 / 2925,2	2383,7 / 2824,0	2227,9 / 2588,0

Stahlstützen

Stahlstützen (IPE, IPBl, IPB, IPBv)
entnommen aus: BAUKALENDER 1982/83, Werner-Verlag

Knickstäbe aus einem IPB-Träger zul $\sigma = 140$ N/mm²

IPB	max S in kN bei einer freien Stabknicklänge s_K in m =							
	3,00	3,50	4,00	4,50	5,00	5,50	6,00
100	152	113	86,3	68,0	55,0	45,8	38,4
120	256	215	164	130	106	87,0	73,3
140	374	324	279	225	182	151	126
160	521	464	404	355	298	244	205
180	672	609	544	492	437	376	315
200	848	781	715	647	582	528	465
220	1 030	958	885	817	754	685	621
240	1 240	1 160	1 090	1 020	939	868	789
260	1 400	1 340	1 260	1 190	1 110	1 030	955
280	1 590	1 530	1 460	1 380	1 290	1 210	1 130
300	1 830	1 770	1 700	1 620	1 530	1 440	1 360
320	1 980	1 910	1 830	1 750	1 660	1 550	1 470
340	2 100	2 030	1 950	1 840	1 760	1 650	1 540
360	2 220	2 130	2 060	1 950	1 850	1 750	1 630
400	2 430	2 330	2 240	2 120	1 990	1 900	1 780
450	2 680	2 560	2 440	2 330	2 200	2 060	1 930

Knickstäbe aus einem IPBv-Träger zul $\sigma = 140$ N/mm²

IPBv	max S in kN bei einer freien Stabknicklänge s_K in m =							
	3,00	3,50	4,00	4,50	5,00	5,50	6,00
100	356	269	207	164	133	109	92
120	534	449	365	289	232	193	161
140	728	641	559	472	377	313	264
160	964	860	764	673	588	484	405
180	1 190	1 090	983	889	791	709	590
200	1 440	1 350	1 230	1 130	1 020	926	830
220	1 700	1 600	1 490	1 370	1 270	1 160	1 050
240	2 350	2 240	2 110	1 990	1 840	1 710	1 570
260	2 660	2 520	2 410	2 280	2 140	1 990	1 860
280	2 950	2 820	2 710	2 560	2 420	2 300	2 150
300	3 750	3 660	3 510	3 370	3 190	3 030	2 870
320/305	2 790	2 690	2 580	2 460	2 350	2 230	2 100
320	3 870	3 770	3 610	3 440	3 280	3 120	2 950
340	3 920	3 810	3 630	3 480	3 330	3 140	2 970
360	3 950	3 820	3 660	3 520	3 330	3 170	2 980
400	4 040	3 900	3 710	3 570	3 380	3 210	3 000
450	4 110	3 970	3 810	3 640	3 450	3 260	3 070

Knickstäbe aus einem IPBl-Träger zul $\sigma = 140$ N/mm²

IPBl	max. S in kN bei einer freien Stabknicklänge s_K in m =							
	3,00	3,50	4,00	4,50	5,00	5,50	6,00
100	122	91,0	69,5	54,9	44,4	36,6	30,8
120	188	156	120	94,5	76,2	63,4	52,9
140	271	234	199	159	129	107	90,1
160	367	323	283	249	203	169	141
180	466	423	378	334	296	253	212
200	579	534	486	440	396	357	310
220	726	672	621	570	520	474	431
240	889	840	785	726	676	618	566
260	1 030	980	921	868	810	750	698
280	1 170	1 130	1 070	1 020	959	890	831
300	1 390	1 330	1 290	1 220	1 150	1 090	1 020
320	1 520	1 460	1 410	1 340	1 270	1 200	1 120
340	1 630	1 560	1 500	1 430	1 360	1 280	1 200
360	1 760	1 680	1 610	1 530	1 460	1 370	1 280
400	1 950	1 870	1 800	1 700	1 600	1 500	1 410
450	2 190	2 090	1 990	1 890	1 780	1 680	1 580

IPE nach DIN 1025 Teil 5

s_K	3,00	3,50	4,00	4,50	5,00	5,50	6,00	6,50	7,00	7,50	8,00
100	14,6	–	–	–	–	–	–	–	–	–	–
120	25,5	18,8	–	–	–	–	–	–	–	–	–
140	41,1	30,3	23,2	–	–	–	–	–	–	–	–
160	62,7	46,1	35,4	27,8	–	–	–	–	–	–	–
180	92,9	67,7	52,1	41,0	33,3	–	–	–	–	–	–
200	132	97,1	73,8	58,5	47,5	39,0	–	–	–	–	–
220	189	139	107	84,6	67,9	56,2	47,3	–	–	–	–
240	253	192	146	116	93,7	77,9	65,2	55,3	–	–	–
270	342	283	219	171	138	115	96,1	82,3	70,7	61,8	–
300	440	380	315	249	201	166	139	118	102	88,9	78,1
330	541	466	402	322	261	216	182	155	134	117	103
360	665	585	504	426	346	287	241	204	176	154	135
400	794	700	616	535	435	363	303	257	224	194	170
450	954	854	752	662	560	463	384	328	283	247	217
500	1150	1040	923	820	715	586	498	422	367	318	278
550	1370	1236	1100	977	869	722	609	521	451	389	343
600	1630	1480	1330	1190	1070	929	777	670	575	499	437

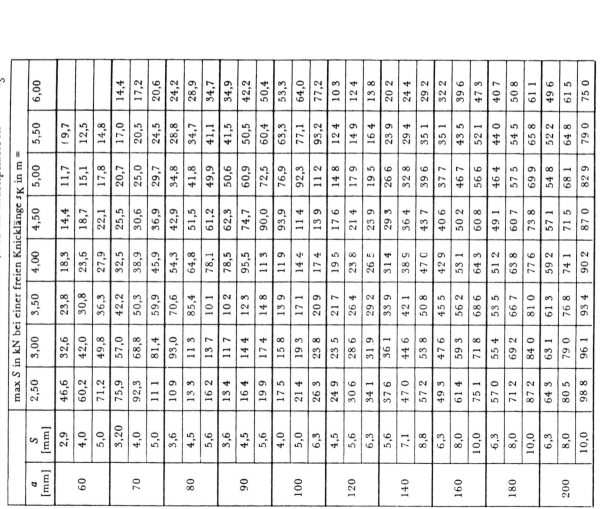

Tragfähigkeit von Mauerwerk

Wände aus Mauerwerk

Tragfähigkeit frei stehender Mauern (ungegliedert)

Eigenlast [kN/m³]	zulässige Mauerhöhe h [m]*) bei einer Dicke d			
	36,5 cm	30 cm	24 cm	17,5 cm
12	1,75	1,20	0,75	0,40
13	1,90	1,30	0,80	0,40
14	2,05	1,40	0,90	0,45
15	2,20	1,50	0,95	0,50
17	2,50	1,70	1,05	0,55
18	2,65	1,80	1,15	0,60
19	2,80	1,90	1,20	0,65
20	2,95	2,00	1,25	0,65

Erf. Mindest-Steinfestigkeitsklasse = 2 MN/m²

*) Die in der Tafel angegebenen zulässigen Mauerhöhen h gelten nur für Mauern, die ≤ 8 m über Geländeoberkante stehen (horizontale Windlast w = 0,6 kN/m).

Tragfähigkeit von ausgesteiften Wänden aus Mauerwerk [kN/m]

Wanddicke in cm	Mörtelgruppe	Steinfestigkeitskl. [MN/m²]						
		2	4	6/8	12	20	28	
11,5*)	II	34,5	57,5	69	92	126,5	172,5	
	II a	46	69	80,5	115	149,5	195,5	
	III	46	80,5	92	126,5	172,5	230	
17,5*)	II	87,5	122,5	157,5	210	280	385	
	II a	105	140	175	245	332,5	437,5	
	III	105	175	210	280	385	525	
17,5**)	II	52,5	87,5	105	140	192,5	262,5	
	II a	70	105	122,5	175	227,5	297,5	
	III	70	122,5	140	192,5	262,5	350	
24	II	120	168	216	288	384	528	
	II a	144	192	240	336	456	600	
	III	144	240	288	384	528	720	
30	II	150	210	270	360	480	660	
	II a	180	240	300	420	570	750	
	III	180	300	360	480	660	900	
36,5	II	182,5	255,5	328,5	438	584	803	
	II a	219	292	365	511	693,5	912,5	
	III	219	365	438	584	803	1095	

*) Nur gültig für Geschoßhöhe ≤ 2,75 m **) Nur gültig für Geschoßhöhe ≤ 3,25 m
Zwischenwerte können geradlinig eingeschaltet werden.

Tragfähigkeit von nicht ausgesteiften Wänden aus Mauerwerk [kN/m]

h_k = 2,00 m

Wanddicke cm	Mörtelgruppe	Steinfestigkeitsklasse [MN/m²]					
		2	4	6/8	12	20	28
17,5	II	63	103	121	161	219	299
	II a	80	121	138	196	259	339
	III	80	145	161	219	299	402
24	II	120	168	216	288	384	528
	II a	144	192	240	336	456	600
	III	144	240	288	384	528	720

h_k = 2,25 m

Wanddicke cm	Mörtelgruppe	2	4	6/8	12	20	28
17,5	II	–	72	89	124	168	222
	II a	61	89	107	150	196	250
	III	61	107	124	168	222	303
24	II	120	168	216	288	384	528
	II a	144	192	240	336	456	600
	III	144	240	288	384	528	720

h_k = 2,50 m

Wanddicke cm	Mörtelgruppe	2	4	6/8	12	20	28
17,5	II	–	–	66	100	135	166
	II a	–	66	82	117	149	184
	IIIa	–	82	100	135	166	234
24	II	110	158	201	269	360	494
	II a	134	182	225	317	427	561
	III	134	225	269	360	494	673

h_k = 2,75 m

Wanddicke cm	Mörtelgruppe	Steinfestigkeitsklasse [MN/m²]					
		2	4	6/8	12	20	28
17,5	II	–	–	54	75	110	129
	II a	–	54	72	93	112	147
	III	–	58	75	110	129	185
24	II	84	132	161	216	293	401
	II a	108	156	185	264	348	456
	III	108	185	216	293	401	540

h_k = 3,00 m

Wanddicke cm	Mörtelgruppe	2	4	6/8	12	20	28
17,5	II	–	–	–	59	86	103
	II a	–	–	–	68	86	110
	III	–	–	59	86	103	145
24	II	89	108	132	180	245	328
	II a	89	132	156	221	288	372
	III	–	156	180	245	329	444

h_k = 3,25 m

Wanddicke cm	Mörtelgruppe	2	4	6/8	12	20	28
17,5	II	–	–	–	–	–	77
	II a	–	–	–	–	–	77
	III	–	–	–	–	77	112
24	II	–	84	108	156	209	269
	II a	–	108	132	185	240	300
	III	–	132	156	209	269	372

1) Die Tragfähigkeitswerte für nicht ausgesteifte Wände mit d = 36,5 cm bei h_k ≤ 365 cm und d = 30 cm bei h_k ≤ 300 cm sind der Tafel für „ausgesteifte Wände" (s. S. zuvor) zu entnehmen.

A 26

Tragfähigkeit einteiliger Holzstützen aus NH II für Lastfall H

$$\max N = \frac{A}{\omega} \cdot \text{zul } \sigma_{D\|}$$

Rundholz mit ungeschwächter Randzone   Trägheitsradius $i = d/4$

zul $\sigma_{D\|} = 1{,}2 \cdot 8{,}5 = 10{,}2$ N/mm²

d [cm]	A [cm²]	max N in kN bei einer Knicklänge in m von:										
		2,00	2,50	3,00	3,50	4,00	4,50	5,00	5,50	6,00	6,50	7,00
10	78,5	36,3	26,6	18,5	13,6	10,4	8,24	6,66	5,51	4,63	–	–
12	113	64,3	49,6	38,4	28,2	21,6	17,0	13,8	11,4	9,60	8,14	7,06
14	154	101	81,7	65,1	52,3	40,2	31,6	25,6	21,2	17,9	15,1	13,1
16	201	144	122	101	82,5	68,3	54,0	43,8	36,1	30,4	25,8	22,3
18	255	196	169	145	122	102	86,3	69,7	57,7	48,5	41,3	35,6
20	314	254	226	198	170	146	124	107	88,1	74,1	63,2	54,4
22	380	320	289	256	226	198	171	148	129	109	92,3	79,4
24	452	391	358	324	290	257	227	199	174	154	131	113
26	531	466	436	401	361	326	291	258	228	203	180	155
28	616	551	519	483	442	402	365	327	292	260	234	209
30	707	637	610	572	530	483	445	402	364	328	294	266

Quadratholz   zul $\sigma_{D\|} = 8{,}5$ N/mm²

Trägheitsradius $i = 0{,}289 \cdot a$

a [cm]	A [cm²]	max N in kN bei einer Knicklänge in m von:										
		2,00	2,50	3,00	3,50	4,00	4,50	5,00	5,50	6,00	6,50	7,00
10	100	45,7	34,8	26,2	19,3	14,8	11,7	9,44	7,80	6,55	5,58	4,81
12	144	78,0	62,8	50,0	39,9	30,6	24,1	19,6	16,2	13,6	11,6	9,97
14	196	118	100	83,0	68,3	56,5	44,7	36,2	30,0	25,2	21,4	18,5
16	256	167	145	125	106	89,2	75,3	62,2	51,2	43,0	36,7	31,6
18	324	222	200	175	152	131	113	97,3	82,0	68,8	58,7	50,5
20	400	284	260	233	209	184	160	139	122	105	89,4	77,0
22	484	353	329	302	270	243	216	192	168	149	131	113
24	576	429	405	377	342	312	281	252	226	201	179	160
26	676	510	487	460	422	388	355	321	292	262	235	212
28	784	600	575	546	513	473	436	401	366	333	301	273
30	900	695	671	638	607	567	524	484	448	411	376	343

———— $\lambda > 150$ – – – – – – $\lambda > 200$ — $\lambda > 250$

Rechteckholz   zul $\sigma_{D\|} = 8{,}5$ N/mm²

Trägheitsradius $i_{min} = 0{,}289 \cdot b_{min}$

b/d cm·cm	max N in kN bei einer Knicklänge in m von:									
	2,00	2,50	3,00	3,50	4,00	4,50	5,00	5,50	6,00	6,50
10/12	54,8	41,8	31,5	23,2	17,7					
10/14	64,0	48,8	36,7	27,0	20,7		$\lambda > 150$			
10/16	73,1	55,7	42,0	30,9	23,6					
12/14	90,4	73,6	58,8	46,7	35,7	28,2	22,8			
12/16	103,3	84,1	67,2	53,3	40,8	32,3	26,1			
12/18	116,2	94,6	75,6	60,6	45,9	36,3	29,4			
14/16	135,0	114,0	95,2	78,0	64,5	51,2	41,4	34,2	28,8	
14/18	151,9	128,3	107,1	87,8	72,6	57,6	46,6	38,5	32,4	
14/20	168,8	142,5	119,0	97,5	80,7	64,0	51,7	42,8	36,0	
16/18	188,3	163,2	140,7	119,4	100,3	87,7	69,5	57,6	48,4	41,1
16/20	209,2	181,3	156,3	132,7	111,5	94,1	77,3	64,0	53,8	45,7
16/22	230,1	199,5	172,0	146,0	122,6	103,5	85,0	70,4	59,1	50,3

Durch Verringerung der Knicklänge in der "weicheren" Richtung läßt sich die Tragfähigkeit steigern.

Bei Ausbildung des Stützenfußes mit Schwelle ist die Druckspannung senkrecht zur Faser nachzuweisen (wenn $\omega < 4{,}25$ m)

Pendelstützen aus Brettschichtholz

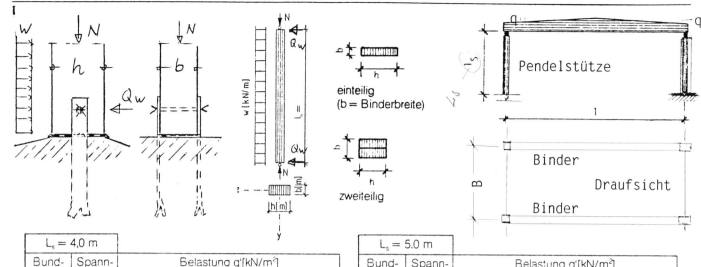

$L_s = 4{,}0$ m

Bundweite B [m]	Spannweite l [m]	Belastung q'[kN/m²] 1,5		2		2,5	
		1-teil. b/h	2-teil. b/h	1-teil. b/h	2-teil. b/h	1-teil. b/h	2-teil. b/h
4,0	10	14/15	24/12	14/16	24/12	14/18	24/13
	15	16/15	28/12	16/17	28/13	16/18	28/13
	20	18/15	30/13	18/17	30/14	18/18	30/14
	25	20/15	32/13	20/17	32/14	20/18	32/15
5,0	10	14/17	24/13	14/17	24/14	14/18	24/14
	15	16/17	28/14	16/18	28/14	16/19	28/15
	20	18/17	30/14	18/19	30/15	18/20	30/15
	25	20/17	32/13	20/18	32/15	20/20	32/16
6,0	10	14/18	24/14	14/19	24/15	14/20	24/15
	15	16/18	28/14	16/19	28/15	16/20	28/15
	20	18/19	30/15	18/20	30/16	18/21	30/17
	25	20/19	32/15	20/20	32/16	20/22	32/18
7,0	10	14/19	24/15	14/20	24/16	14/21	24/17
	15	16/20	28/15	16/21	28/16	16/22	28/17
	20	18/20	30/16	18/22	30/17	18/23	30/18
	25	20/20	32/16	20/22	32/17	20/23	32/18

$L_s = 5{,}0$ m

Bundweite B [m]	Spannweite l [m]	Belastung q'[kN/m²] 1,5		2		2,5	
		1-teil. b/h	2-teil. b/h	1-teil. b/h	2-teil. b/h	1-teil. b/h	2-teil. b/h
4,0	10	14/18	24/15	14/18	24/15	14/19	24/15
	15	16/19	28/15	16/19	28/15	16/20	28/17
	20	18/18	30/14	18/19	30/16	18/20	30/17
	25	20/19	32/16	20/20	32/16	20/21	32/17
5,0	10	14/20	24/16	14/21	24/16	14/22	24/18
	15	16/20	28/16	16/21	28/17	16/23	28/17
	20	18/20	30/15	18/22	30/17	18/23	30/18
	25	20/20	32/15	20/21	32/16	20/23	32/19
6,0	10	14/22	24/17	14/23	24/17	14/24	24/19
	15	16/21	28/17	16/23	28/18	16/24	28/19
	20	18/22	30/17	18/23	30/19	18/24	30/20
	25	20/22	32/18	20/24	32/20	20/25	32/20
7,0	10	14/24	24/18	14/25	24/19	14/25	24/20
	15	16/24	28/19	16/25	28/19	16/27	28/20
	20	18/24	30/18	18/26	30/19	18/27	30/21
	25	20/23	32/19	20/25	32/20	20/28	32/22

$L_s = 6{,}0$ m

Bundweite B [m]	Spannweite l [m]	Belastung q'[kN/m²] 1,5		2		2,5	
		1-teil. b/h	2-teil. b/h	1-teil. b/h	2-teil. b/h	1-teil. b/h	2-teil. b/h
4,0	10	14/22	24/18	14/22	24/18	14/23	24/18
	15	16/21	18/17	16/21	28/18	16/24	28/18
	20	18/22	30/17	18/22	30/18	18/23	30/19
	25	20/21	32/17	20/22	32/18	20/24	32/20
5,0	10	14/24	24/19	14/24	24/19	14/26	24/20
	15	16/24	28/18	16/24	28/19	16/26	28/20
	20	18/23	30/20	18/25	30/20	18/26	30/20
	25	20/24	32/20	20/25	32/20	20/25	32/21
6,0	10	14/25	24/20	14/27	24/21	14/27	24/21
	15	16/26	28/20	16/27	28/21	16/28	28/21
	20	18/25	30/20	18/28	30/22	18/29	30/22
	25	20/25	32/20	20/27	32/22	20/28	32/23
7,0	10	14/27	24/21	14/28	24/22	14/30	24/23
	15	16/27	28/21	16/29	28/22	16/30	28/23
	20	18/27	30/22	18/29	30/23	18/31	30/24
	25	20/27	32/21	20/30	32/23	20/31	32/24

$L_s = 7{,}0$ m

Bundweite B [m]	Spannweite l [m]	Belastung q'[kN/m²] 1,5		2		2,5	
		1-teil. b/h	2-teil. b/h	1-teil. b/h	2-teil. b/h	1-teil. b/h	2-teil. b/h
4,0	10	14/25	24/21	14/26	24/21	14/26	24/21
	15	16/24	28/19	16/24	28/20	16/26	28/20
	20	18/24	30/20	18/25	30/20	18/27	30/22
	25	20/24	32/20	20/26	32/21	20/26	32/22
5,0	10	14/26	24/22	14/28	24/22	14/29	24/23
	15	16/26	28/21	16/28	28/22	16/29	28/22
	20	18/27	30/21	18/27	30/22	18/28	30/23
	25	20/26	32/21	20/28	32/23	20/30	32/25
6,0	10	14/30	24/23	14/31	24/24	14/31	24/24
	15	16/28	28/23	16/30	28/23	16/32	28/25
	20	18/28	30/23	18/31	30/24	18/32	30/26
	25	20/27	32/24	20/30	32/25	20/32	32/26
7,0	10	14/32	24/25	14/33	24/25	14/33	24/26
	15	16/31	28/25	16/33	28/25	16/33	28/26
	20	18/30	30/24	18/32	30/25	18/34	30/27
	25	20/31	32/25	20/33	32/27	20/34	32/28

entnommen aus: INFORMATIONSDIENST HOLZ, Vorbemessung Teil 1

Eingespannte Stützen aus Brettschichtholz

BEMESSUNG VON EINGESPANNTEN STÜTZEN, BSH Gkl. I, MIT ANGEHÄNGTER PENDELSTÜTZE

$L_s = 4,0$ m

Bund-weite B [m]	Spann-weite l [m]	Belastung q' [kN/m²] 1,5 1-teil. b/h	1,5 2-teil. b/h	2 1-teil. b/h	2 2-teil. b/h	2,5 1-teil. b/h	2,5 2-teil. b/h
4,0	10	14/35	24/29	14/35	24/29	14/35	24/29
	15	16/34	28/28	16/34	28/28	16/34	28/28
	20	18/33	30/28	18/33	30/28	18/33	30/28
	25	20/33	32/28	20/33	32/28	20/33	32/28
5,0	10	14/38	24/32	14/38	24/32	14/38	24/32
	15	16/37	28/30	16/37	28/30	16/37	28/30
	20	18/36	30/30	18/36	30/30	18/37	30/30
	25	20/35	32/30	20/35	32/30	20/36	32/30
6,0	10	14/40	24/34	14/41	24/34	14/41	24/34
	15	16/39	28/32	16/40	28/32	16/41	28/32
	20	18/38	30/32	18/39	30/32	18/40	30/32
	25	20/37	32/31	20/39	32/31	20/40	32/32
7,0	10	14/43	24/36	14/44	24/36	14/45	24/36
	15	16/42	28/34	16/43	28/34	16/44	28/34
	20	18/41	30/34	18/42	30/34	18/44	30/34
	25	20/40	32/33	20/42	32/33	20/43	32/34

$L_s = 5,0$ m

Bund-weite B [m]	Spann-weite l [m]	1,5 1-teil. b/h	1,5 2-teil. b/h	2 1-teil. b/h	2 2-teil. b/h	2,5 1-teil. b/h	2,5 2-teil. b/h
4,0	10	14/43	24/36	14/43	24/36	14/43	24/36
	15	16/41	28/34	16/41	28/34	16/41	28/34
	20	18/40	30/34	18/40	30/34	18/40	30/34
	25	20/39	32/33	20/39	32/33	20/39	32/33
5,0	10	14/46	24/39	14/46	24/39	14/46	24/39
	15	16/44	28/37	16/44	28/37	16/44	28/37
	20	18/43	30/36	18/43	30/36	18/43	30/36
	25	20/42	32/36	20/42	32/36	20/43	32/36
6,0	10	14/49	24/41	14/49	24/41	14/49	24/41
	15	16/47	28/39	16/47	28/39	16/47	28/39
	20	18/46	30/39	18/46	30/39	18/47	30/39
	25	20/45	32/38	20/45	32/38	20/47	32/38
7,0	10	14/51	24/43	14/52	24/43	14/53	24/43
	15	16/50	28/41	16/51	28/41	16/52	28/41
	20	18/48	30/41	18/50	30/41	18/51	30/41
	25	20/47	32/40	20/49	32/40	20/50	32/40

$L_s = 6,0$ m

Bund-weite B [m]	Spann-weite l [m]	1,5 1-teil. b/h	1,5 2-teil. b/h	2 1-teil. b/h	2 2-teil. b/h	2,5 1-teil. b/h	2,5 2-teil. b/h
4,0	10	14/50	24/42	14/50	24/42	14/50	24/42
	15	16/48	28/40	16/48	28/40	16/48	28/40
	20	18/47	30/39	18/47	30/39	18/47	30/39
	25	20/45	32/39	20/45	32/39	20/45	32/39
5,0	10	14/54	24/45	14/54	24/45	14/54	24/45
	15	16/53	28/43	16/53	28/43	16/53	28/43
	20	18/51	30/42	18/51	30/42	18/51	30/42
	25	20/49	32/42	20/49	32/42	20/49	32/42
6,0	10	14/57	24/48	14/57	24/48	14/57	24/48
	15	16/55	28/46	16/55	28/46	16/55	28/46
	20	18/54	30/45	18/54	30/45	18/54	30/45
	25	20/52	32/44	20/52	32/44	20/53	32/44
7,0	10	14/60	24/50	14/60	24/50	14/61	24/50
	15	16/58	28/48	16/58	28/48	16/59	28/48
	20	18/56	30/47	18/57	30/47	18/58	30/47
	25	20/55	32/47	20/56	32/47	20/57	32/47

$L_s = 7,0$ m

Bund-weite B [m]	Spann-weite l [m]	1,5 1-teil. b/h	1,5 2-teil. b/h	2 1-teil. b/h	2 2-teil. b/h	2,5 1-teil. b/h	2,5 2-teil. b/h
4,0	10	14/58	24/48	14/58	24/48	14/58	24/48
	15	16/56	28/46	16/58	28/46	16/56	28/46
	20	18/54	30/45	18/54	30/45	18/54	30/45
	25	20/52	32/44	20/52	32/44	20/52	32/44
5,0	10	14/62	24/52	14/62	24/52	14/62	24/52
	15	16/60	28/50	16/60	28/50	16/60	28/50
	20	18/58	30/49	18/58	30/49	18/58	30/49
	25	20/56	32/48	20/56	32/48	20/56	32/48
6,0	10	14/66	24/55	14/66	24/55	14/66	24/55
	15	16/63	28/53	16/63	28/53	16/63	28/53
	20	18/61	30/52	18/61	30/52	18/61	30/52
	25	20/60	32/51	20/60	32/51	20/60	32/51
7,0	10	14/69	24/58	14/69	24/58	14/69	24/58
	15	16/67	28/55	16/67	28/55	16/67	28/55
	20	18/65	30/54	18/65	30/54	18/65	30/54
	25	20/63	32/54	20/63	32/54	20/64	32/54

entnommen aus: INFORMATIONSDIENST HOLZ, Vorbemessung Teil 1

Eingespannte Stützen aus Stahl und Stahlbeton mit Fundamenten

Last: $(0,75 + 0,75)\ 6,25 \cong 9,4$ kN/m

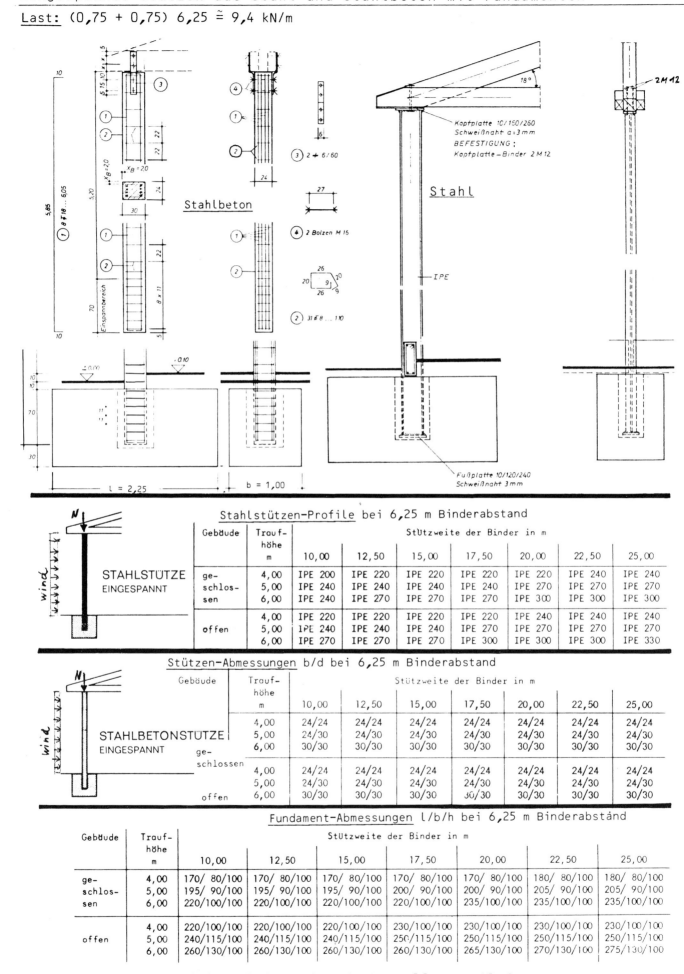

entnommen aus: INFORMATIONSDIENST HOLZ, Hallen Teil 3

Streifenfundamente aus Beton für Wohnhäuser

Außenwände

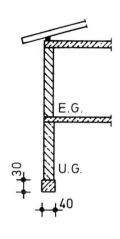

UG + EG

Dach	1,8 · 5	= 9 kN/m
Decke	8,0 · 4/2	= 16 kN/m
Wand	4,6 · 2,6	= 12 kN/m
Decke	8,0 · 4/2	= 16 kN/m
Wand	9,2 · 2,3	= 21 kN/m
Fundament		6 kN/m
		80 kN/m

$\sigma = \dfrac{80}{0,4 \cdot 1,0} = \underline{200 \text{ kN/m}^2}$

Mittelwände

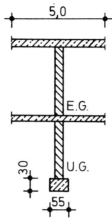

Decke 8 · 5	= 40 kN/m
Wand 3,9 · 2,6	= 10 kN/m
Decke	= 40 kN/m
Wand	= 10 kN/m
Fundament	10 kN/m
	110 kN/m

$\sigma = \dfrac{110}{0,55 \cdot 1,0} = \underline{200 \text{ kN/m}^2}$

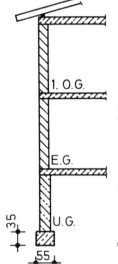

UG + EG + 1. OG

Dach	9 kN/m
3 Decken 3 · 16	= 48 kN/m
2 Wände 2 · 12	= 24 kN/m
Wand	= 21 kN/m
Fundament	8 kN/m
	110 kN/m

$\sigma = \dfrac{110}{0,55 \cdot 1,0} = \underline{200 \text{ kN/m}^2}$

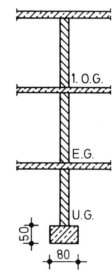

3 Decken	120 kN/m
3 Wände	30 kN/m
Fundament	10 kN/m
	160 kN/m

$\sigma = \dfrac{160}{0,8 \cdot 1,0} = \underline{200 \text{ kN/m}^2}$

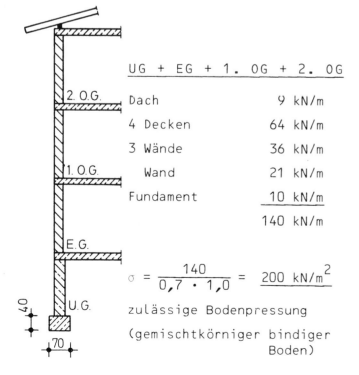

UG + EG + 1. OG + 2. OG

Dach	9 kN/m
4 Decken	64 kN/m
3 Wände	36 kN/m
Wand	21 kN/m
Fundament	10 kN/m
	140 kN/m

$\sigma = \dfrac{140}{0,7 \cdot 1,0} = \underline{200 \text{ kN/m}^2}$

zulässige Bodenpressung
(gemischtkörniger bindiger Boden)

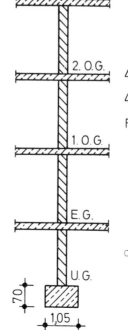

4 Decken	160 kN/m
4 Wände	40 kN/m
Fundament	10 kN/m
	210 kN/m

$\sigma = \dfrac{210}{1,05 \cdot 1,0} = \underline{200 \text{ kN/m}^2}$

Dreigelenkrahmen aus Brettschichtholz

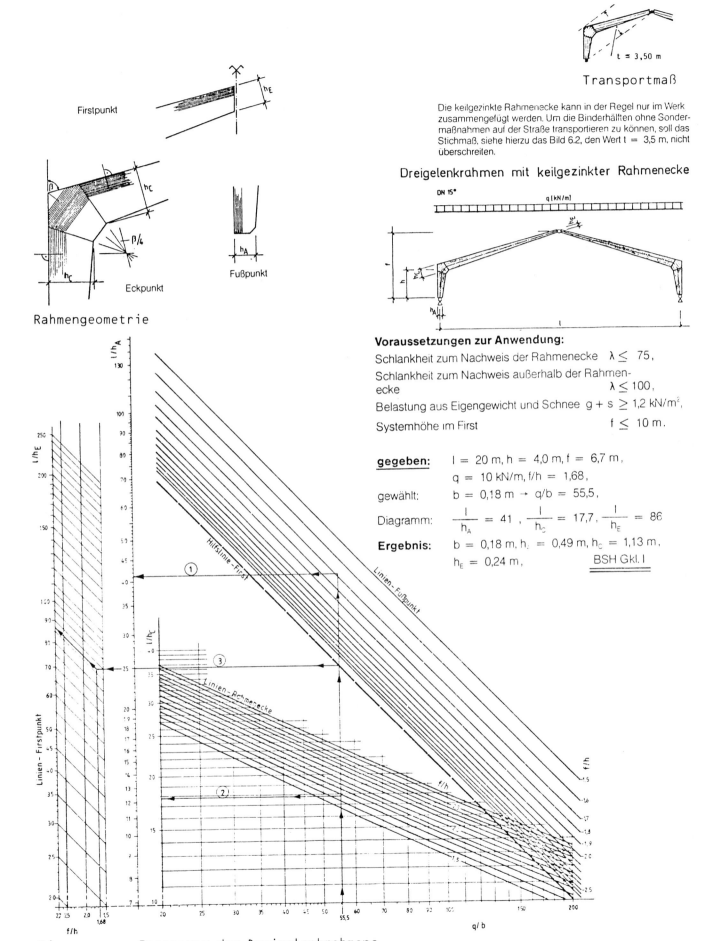

Diagramm zur Bemessung des Dreigelenkrahmens

entnommen aus: INFORMATIONSDIENST HOLZ, Vorbemessung Teil 1

Zweigelenk-Hallenrahmen aus IPE-Profilen

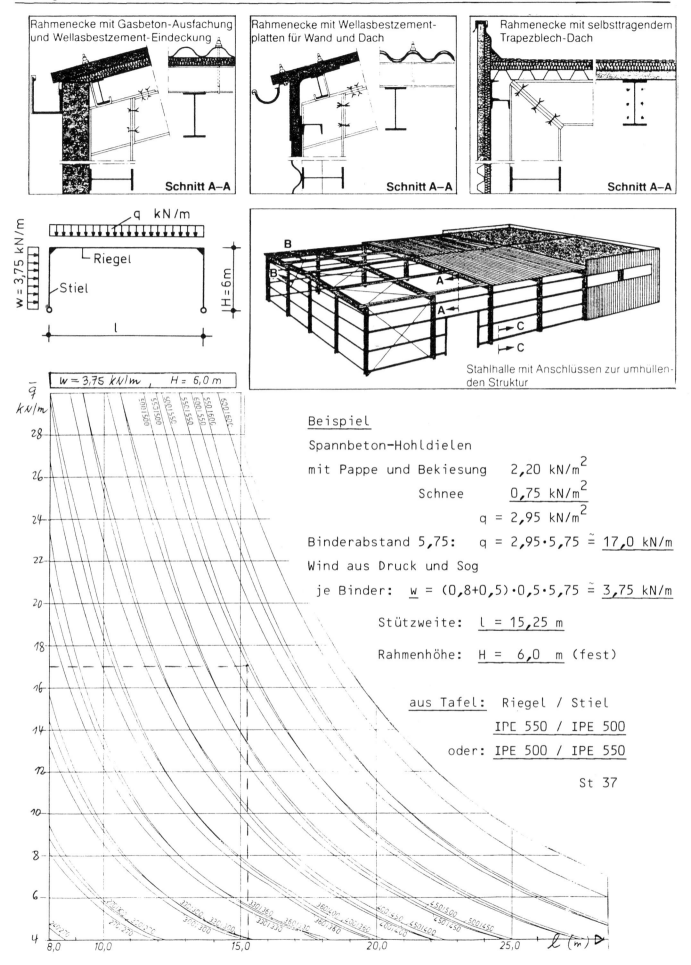

Rahmenecke mit Gasbeton-Ausfachung und Wellasbestzement-Eindeckung — Schnitt A-A

Rahmenecke mit Wellasbestzementplatten für Wand und Dach — Schnitt A-A

Rahmenecke mit selbsttragendem Trapezblech-Dach — Schnitt A-A

Stahlhalle mit Anschlüssen zur umhüllenden Struktur

Beispiel

Spannbeton-Hohldielen
mit Pappe und Bekiesung   2,20 kN/m²
Schnee   0,75 kN/m²
q = 2,95 kN/m²

Binderabstand 5,75:   q = 2,95·5,75 ≃ 17,0 kN/m

Wind aus Druck und Sog

je Binder: w = (0,8+0,5)·0,5·5,75 ≃ 3,75 kN/m

Stützweite: l = 15,25 m

Rahmenhöhe: H = 6,0 m (fest)

aus Tafel: Riegel / Stiel
IPE 550 / IPE 500
oder: IPE 500 / IPE 550

St 37

entnommen aus: MERKBLATT 440, Beratungsstelle für Stahlverwendung

Teil B Aufgaben

Einleitung

Der Architekt sollte solide Grundkenntnisse in Statik besitzen und einen guten Überblick über die Möglichkeiten der Tragwerksgestaltung haben.

Der Zugang zur Tragwerkslehre ist oft nicht leicht.
Vielfach gelingt er durch die selbständige Bearbeitung von Übungsaufgaben.
Bei den nachfolgenden Übungen handelt es sich zum überwiegenden Teil um Prüfungsaufgaben, die an der Fachhochschule Regensburg in den letzten Jahren gestellt wurden. Diese Aufgaben sind oft stärker vereinfacht, als es bei einem genauen statischen Nachweis zulässig wäre. Vereinfachungen machen aber die angeschnittenen Probleme überschaubarer und können dennoch zu einem guten Verständnis der Zusammenhänge führen.
Für den Architekten ist die Anschaulichkeit einer Aufgabe wichtig. Daher sind im Teil B viele Übungen enthalten, die zeichnerisch zu lösen sind. Um das Abzeichnen des Lageplans und dabei mögliche Übertragungsfehler zu vermeiden, kann die zeichnerische Lösung meist unmittelbar im Buch durchgeführt werden, entsprechender Platz ist frei gelassen.

Stoffliche Gliederung der Aufgaben/Lösungen

		Aufgabe Seite	Lösung Seite
B 1	Grundlagen der Statik	B 3	C 1
B 2	Fachwerke	B 9	C 10
B 3	Die Normalkraft-, Querkraft- und Momentenflächen	B 14	C 17
B 4	Zug, Druck und Abscheren	B 22	C 25
B 5	Biegung	B 26	C 31
B 6	Knickung, Biegung mit Längskraft	B 34	C 39
B 7	Durchlaufende Träger	B 41	C 47
B 8	Stahlbeton	B 45	C 56

Teil C Lösungen

Einleitung

Der Lösungsteil C schließt sich unmittelbar an Teil B an.
Neben den Endergebnissen werden auch Lösungshinweise gegeben, so daß die Aufgaben im Selbststudium erarbeitet werden können.
Aufgaben und Lösungen können jedoch kein Ersatz für ein Lehrbuch sein.

Teil B Übungsaufgaben

B 1 Grundlagen der Statik

Aufgabe B 1.1

Ein Dach soll durch 2 Diagonalen in Querrichtung ausgesteift werden.
Die Lasten am Knoten K betragen:

$$\text{Eigenlast} \quad G = 0,6 \cdot 3,0 \cdot 5,0 \quad = 9,00 \text{ kN}$$
$$\text{Schneelast} \quad S = 0,8 \cdot 3,0 \cdot 5,0 \quad = 12,00 \text{ kN}$$
$$\text{Winddruck} \quad W_d = 0,3 \cdot 0,8 \cdot 5,0/\cos 25° \neq 4,16 \text{ kN}$$
$$\text{Windsog} \quad W_s = 0,6 \cdot 0,8 \cdot 5,0/\cos 25° \neq 8,32 \text{ kN}$$

Es sind die Resultierende aus den angreifenden Lasten und die Stabkräfte D_l und D_r für 5 Lastfälle zeichnerisch zu bestimmen.
Die Lösung kann unterhalb des Lageplanes erfolgen, die Last G ist jeweils bereits gezeichnet.
Anschließend sind die Ergebnisse rechnerisch nachzuprüfen.

$$\text{Lastfall 1}: \quad G + S$$
$$\text{Lastfall 2}: \quad G + S + W_d$$
$$\text{Lastfall 3}: \quad G + S + W_s$$
$$\text{Lastfall 4}: \quad G + W_d$$
$$\text{Lastfall 5}: \quad G + W_s$$

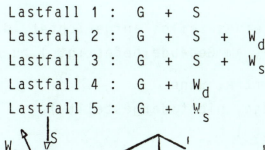

Ergebisse siehe Teil C

Last-fall	R	D_l	D_r
1			
2			
3			
4			
5			

Stabkräfte in kN

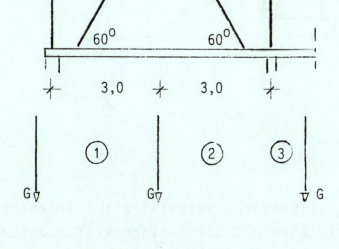

Kräftepläne
1 cm $\hat{=}$ 4 kN

B 3

Aufgabe B 1.2

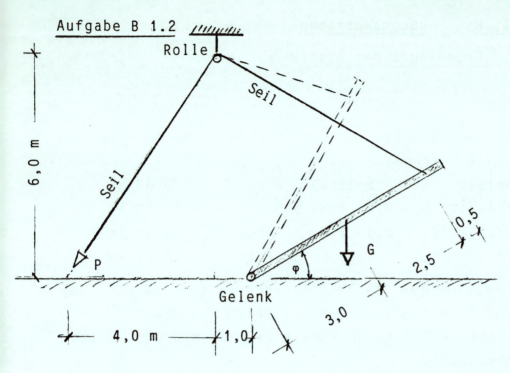

Eine Stahlbeton - Fertigteilstütze ist 6 m lang und hat die Eigenlast G = 15,0 kN.

Die Stütze wird mit Hilfe eines Seiles aufgerichtet, das über eine reibungsfrei gelagerte Rolle (am Gebäude befestigt) zu einer Winde führt.

Wie groß ist die Windenkraft P, wenn

1. $\varphi = 0°$ (Ausgangslage, nicht dargestellt)
2. $\varphi = 30°$ (dargestellt)
3. $\varphi = 60°$ (gestrichelt dargestellt)

Aufgabe B 1.3

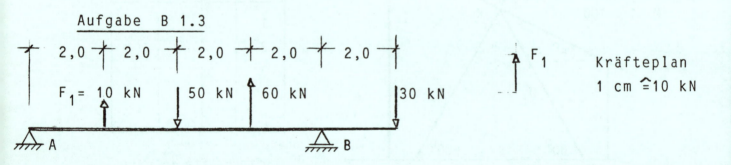

Für den dargestellten Träger mit Kragarm, belastet mit 4 lotrechten Einzellasten, sind die Resultierende und die Auflagerkräfte zeichnerisch zu bestimmen, F_1 ist bereits gezeichnet.
Anschließend sind die Ergebnisse rechnerisch nachzuprüfen.

Aufgabe B 1.4

Gegebene Lasten:

F_1	=	120 kN
F_2	=	110 kN
F_3	=	105 kN
F_4	=	245 kN
F_5	=	104 kN
F_6	=	170 kN
F_7	=	40 kN
F_8	=	85 kN
F_9	=	340 kN
W	=	9 kN

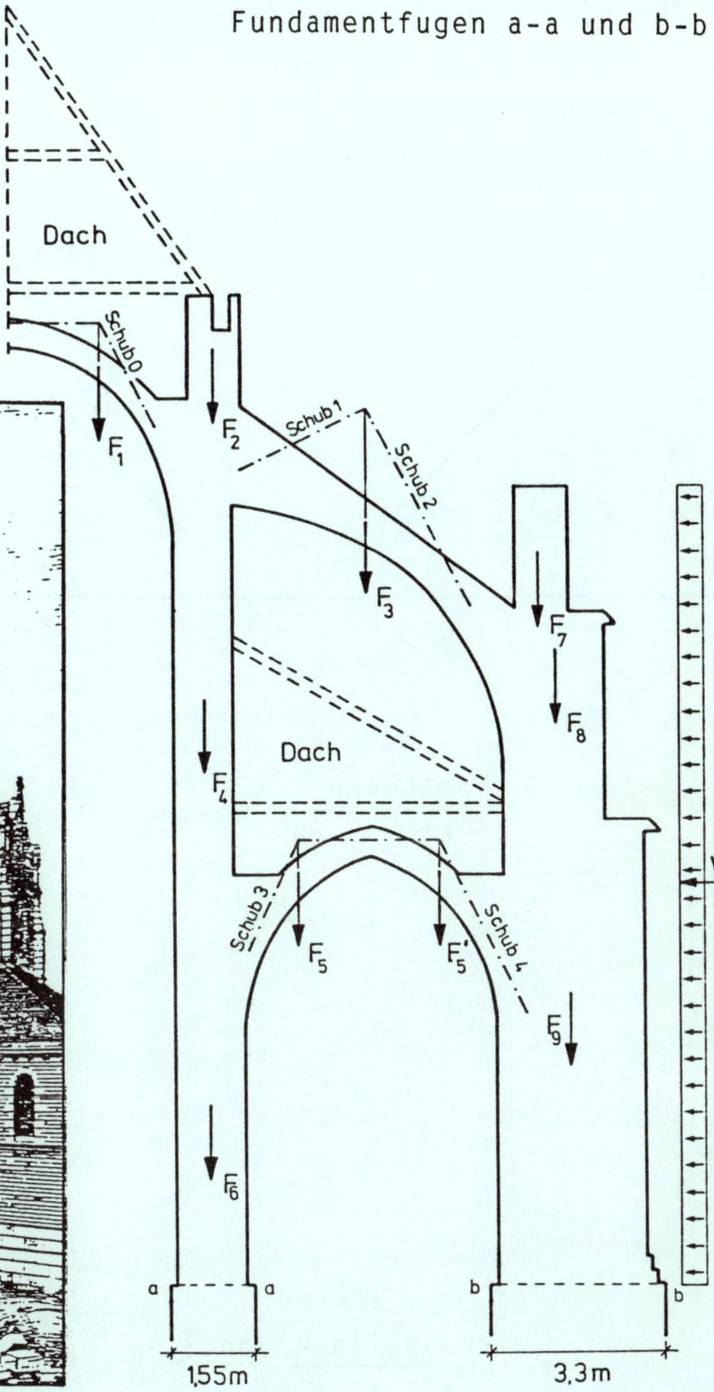

Zeichnerische Bestimmung des Kräfteverlaufs in einem Kirchengewölbe.

Gegeben ist der Querschnitt durch ein Kirchengewölbe.

Bestimmen Sie zeichnerisch die Resultierende in den Fundamentfugen a-a und b-b

entnommen aus: Die Konstruktionen aus Stein (Nachdruck)
Gebhardts Verlag Leipzig 1903

B 5

Aufgabe B 1.5

Ein Pavillon ist durch eine Flachdach-Deckenscheibe und 3 Mauerscheiben S_1, S_2 und S_3 ausgesteift.

1. Wie groß sind die 3 Scheibenkräfte, wenn $W_L = 39$ kN wirkt ?
2. "   "   "   "   "   , wenn $W_G = 19{,}5$ kN wirkt ?

   Die Lösung ist zeichnerisch durchzuführen, die beiden Windkräfte sind bereits gezeichnet.

   Anschließend sind die Ergebnisse rechnerisch nachzuprüfen.

3. Die Scheibe S_1 wird durch gekreuzte Rundstähle gebildet.

   Für den Lastfall W_L ist die Zugdiagonale zu kennzeichnen und die Zugkraft zu bestimmen.

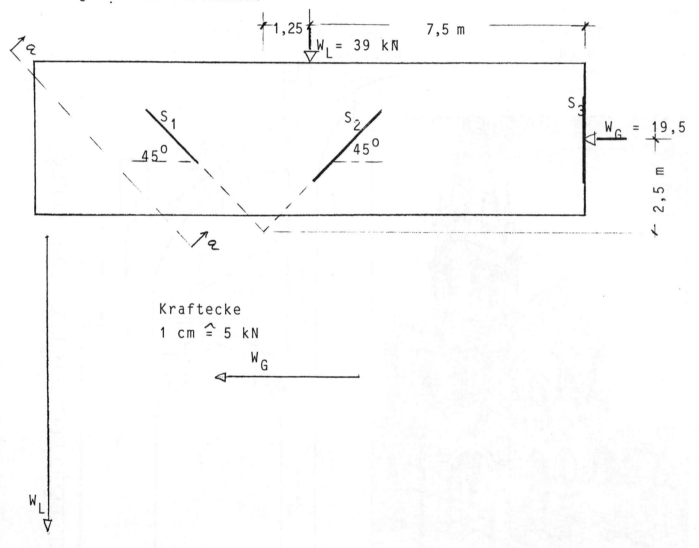

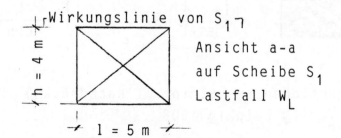

Ansicht a-a auf Scheibe S_1 Lastfall W_L

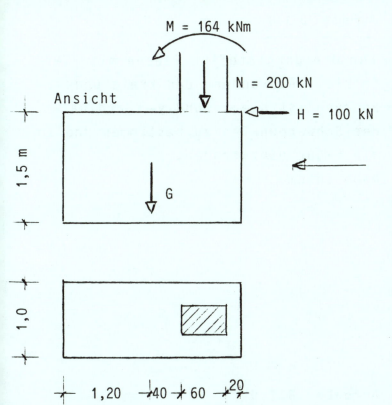

Aufgabe B 1.6

Das Fundament eines eingespannten Stahlbeton-Rahmens hat die dargestellten Abmessungen und wird durch N, H, M und G belastet.

Die Fundament-Eigenlast ist noch zu berechnen (γ_B = 25 kN/m³)

Es ist die Resultierende in der Unterkante des Fundaments zu bestimmen und in nebenstehende Skizze einzutragen.

Ergebnis: $R =$

$\alpha_R =$

$x_R =$

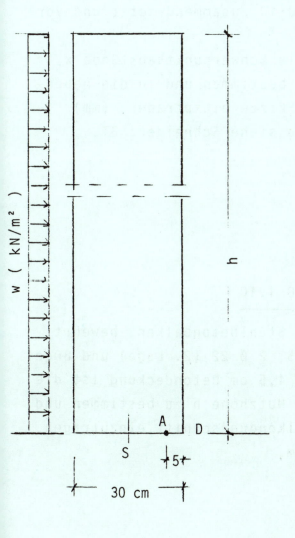

Aufgabe B 1.7

Eine unverputzte freistehende Ziegelmauer (γ_M = 18 kN/m³) mit der Dicke d = 30 cm ist durch Wind w = 0,6 kN/m² belastet.

1. Welche Höhe h darf die Mauer haben, wenn die Resultierende durch den Punkt A gehen soll?
   Ist diese Ausmitte von R zulässig?

2. Bei welcher Windlast w beginnt die Mauer zu kippen?

3. Welcher Reibungsbeiwert muß U.K. Mauer vorliegen, wenn 1,5-fache Gleitsicherheit bestehen soll?

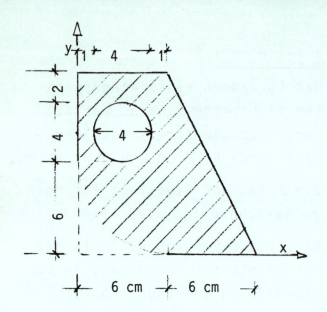

Aufgabe B 1.8

Für die dargestellte Fläche mit Viertelkreis-Ausrundung und kreisrunder Bohrung ist die x- und y- Koordinate des Schwerpunktes zu bestimmen und in die Figur einzutragen.
Maße in cm.

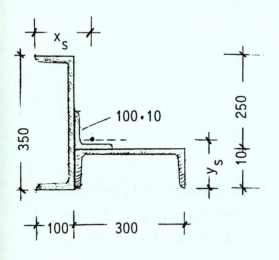

Aufgabe B 1.9

Die Eckstütze einer Stahlhalle wurde aus einem U 350, einem U 300 und einem Winkel 100·10 zusammengesetzt und verschweißt.
Es sind die Schwerpunktsabstände x_s und y_s zu bestimmen und in die nebenstehende Skizze einzutragen. (mm)
Grundwerte siehe Schneider: BT.

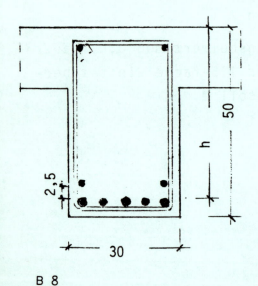

Aufgabe B 1.10

Für einen Stahlbetonbalken, bewehrt mit 5 Ø 25, 2 Ø 22 (2. Lage) und Bügel Ø 8 sowie 1,5 cm Betondeckung ist die statische Nutzhöhe h zu bestimmen und in den Balkenquerschnitt einzutragen.
Maße in cm.

B 2 Fachwerke

Aufgabe B 2.1

Für den dargestellten Fachwerkträger sind für den angegebenen Lastfall "Schnee links" alle Stabkräfte zeichnerisch zu bestimmen und in die Tabelle mit Vorzeichen einzutragen. S_1 bis S_3 sind bereits gezeichnet. Die Stabkräfte D_1, O_2 und U_2' sind rechnerisch nachzuprüfen.

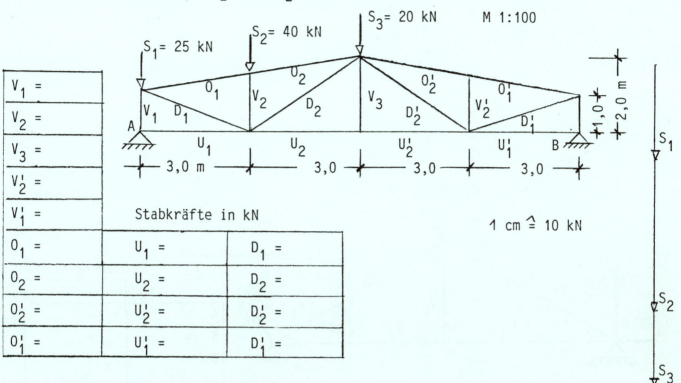

Stabkräfte in kN

Aufgabe B 2.2

Für den gezeichneten Dachträger, belastet mit 3 Windkräften, sind die Stabkräfte zeichnerisch zu bestimmen und in die Tabelle einzutragen. W_1 ist bereits gezeichnet.
Die Auflagerkräfte und die Stabkraft U_2 sind rechnerisch zu prüfen.

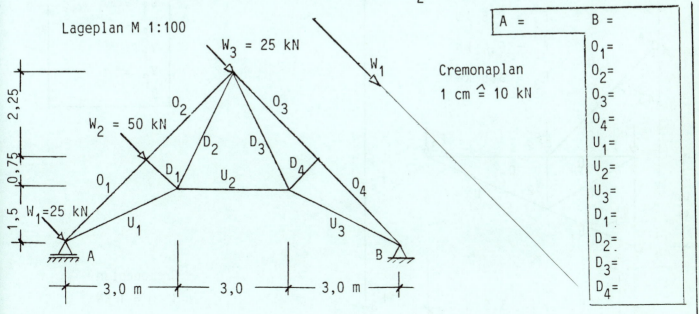

Cremonaplan
1 cm ≙ 10 kN

B 9

Aufgabe B 2.3

Ein Fachwerkträger (Pultdach) wird durch 5 Windkräfte belastet. Es sind die Auflagerkräfte und die Stabkräfte zeichnerisch zu bestimmen, W_1 und W_2 sind bereits gezeichnet. Die Ergebnisse sind in die Tabelle mit Vorzeichen einzutragen.

Die Auflagerkräfte und die Stabkräfte O_1 und D sind rechnerisch nachzuprüfen.

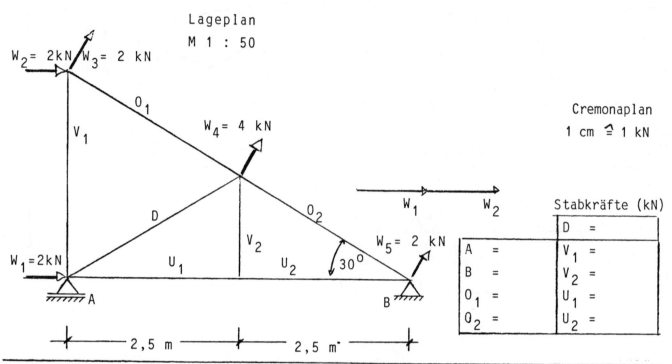

Aufgabe B 2.4

Für ein Vordach sind die Auflager- und Stabkräfte zeichn. zu bestimmen. A, B und V_2 sind rechnerisch zu prüfen.

$F_1 = 2,5$ kN
$F_2 = 6,0$ kN
$F_3 = 3,5$ kN

Lageplan M 1 : 100

Cremonaplan
1 cm $\hat{=}$ 1 kN

Aufgabe B 2.5

Für das dargestellte Fachwerk mit Pendelstütze, belastet mit einer waagrechten Kraft von 9 kN und einer senkrechten von 1,5 kN, sind die Auflagerkräfte und alle Stabkräfte zeichnerisch zu bestimmen.
Die Kraft 9 kN ist bereits gezeichnet.
Die Ergebnisse sind in die Tabelle mit Vorzeichen einzutragen.
Es wird empfohlen, die Auflagerkräfte durch ein getrenntes Krafteck zu ermitteln.
Die Auflagerkräfte A und B und die Stabkräfte V_2 und O_3 sind rechnerisch nachzuprüfen, die Hebelarme können gemessen werden.

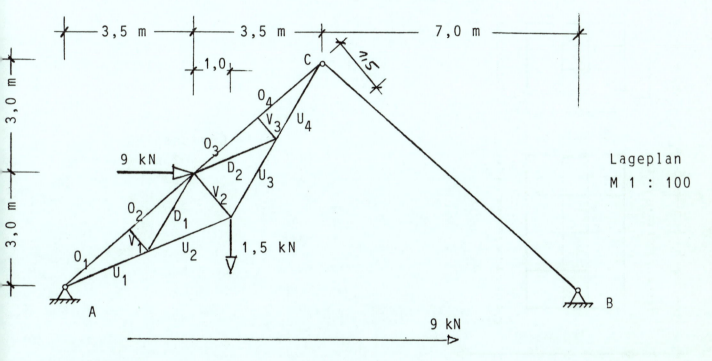

Lageplan
M 1 : 100

Krafteck
für A und B

Stabkräfte in kN

A =	
B =	V_1 =
D_1 =	V_2 =
D_2 =	V_3 =
O_1 =	U_1 =
O_2 =	U_2 =
O_3 =	U_3 =
O_4 =	U_4 =

Cremonaplan
1 cm $\hat{=}$ 1 kN

B 11

Aufgabe B 2.6

Ein Skelettbau ist in den Giebelwänden durch 2 lotrechte Verbände (Fachwerke) ausgesteift. Die Windlasten betragen:

$$W_{D1} = 0{,}8 \cdot 0{,}8 \cdot 20 \cdot 0{,}5 \cdot 3{,}0 \cdot 0{,}5 = 9{,}6 \text{ kN}$$
$$W_{D2} = 0{,}8 \cdot 0{,}5 \cdot 20 \cdot 0{,}5 \cdot 3{,}0 = 12{,}0 \text{ kN} = W_{D3}$$
$$W_{S1} = 0{,}5 \cdot 0{,}8 \cdot 20 \cdot 0{,}5 \cdot 3{,}0 \cdot 0{,}5 = 6{,}0 \text{ kN}$$
$$W_{S2} = 0{,}5 \cdot 0{,}5 \cdot 20 \cdot 0{,}5 \cdot 3{,}0 = 7{,}5 \text{ kN} = W_{S3}$$

Es sind die Auflagerkräfte und alle Stabkräfte des Fachwerks zeichn. zu bestimmen. Die Auflagerkräfte und die Stabkräfte D_1 und V_6 sind rechnerisch nachzuprüfen.

Cremonaplan
1 cm $\hat{=}$ 5 kN

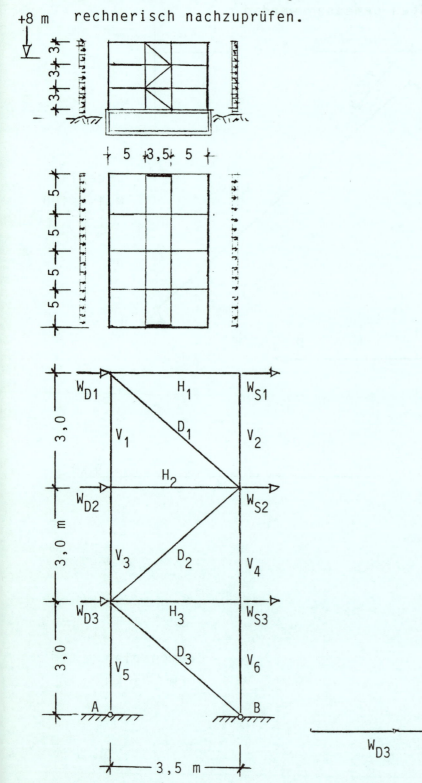

Aufgabe B 2.7

Ein Kranausleger ist bei B gelenkig gelagert und außen durch ein lotrechtes Seil gehalten. Neben der Eigenlast G = 20 kN wirkt noch die Nutzlast F = 20 kN.

Es sind alle Stabkräfte des Kranes zeichnerisch zu bestimmen. Die Auflagerkräfte und die Stabkräfte U_1 und D_2 sind rechnerisch zu prüfen.

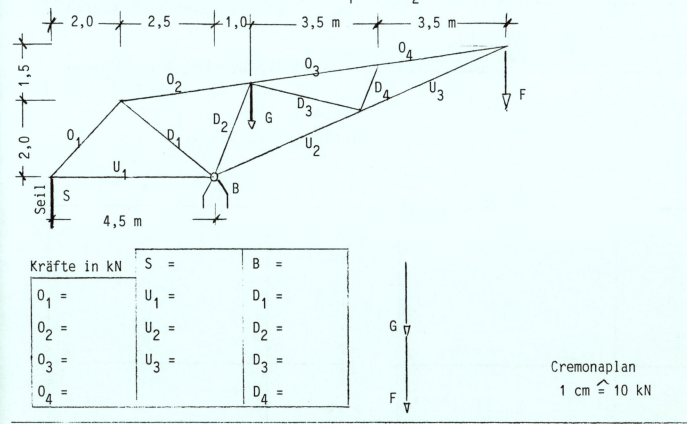

Kräfte in kN	S =	B =
O_1 =	U_1 =	D_1 =
O_2 =	U_2 =	D_2 =
O_3 =	U_3 =	D_3 =
O_4 =		D_4 =

Cremonaplan
1 cm ≙ 10 kN

Aufgabe B 2.8

Für den dargestellten Kranausleger sind die Auflagerkräfte und die Stabkräfte zeichnerisch zu bestimmen.

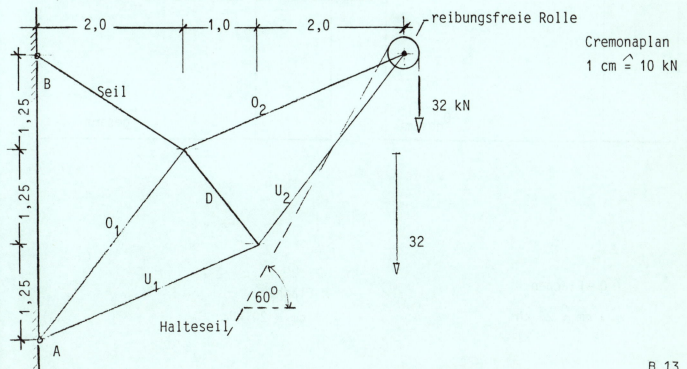

Cremonaplan
1 cm ≙ 10 kN

B 3 Die Normalkraft-, Querkraft- und Momentenflächen

Aufgabe B 3.1

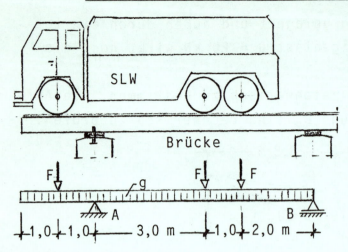

Auf einer Brücke mit der Stützweite 6,0 m und der Auskragung 2,0 m steht ein SLW mit 3 gleich großen Einzellasten F = 50 kN.

Die gleichmäßig verteilte Brückenlast beträgt g = 12 kN/m.

Es sind die Querkraft und Momentenflächen zu bestimmen und einzutragen, getrennt nach 2 Lastfällen mit anschließender Überlagerung.

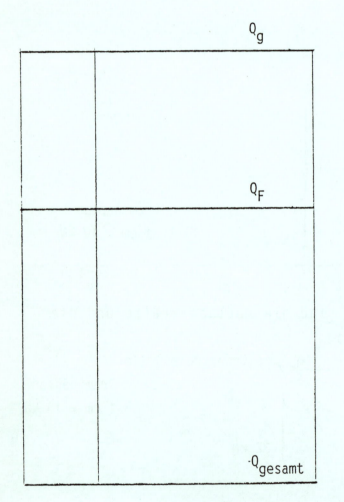

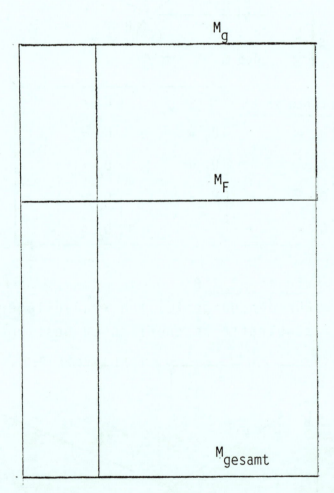

Q - Flächen
1 cm ≙ 20 kN

M - Flächen
1 cm ≙ 20 kNm

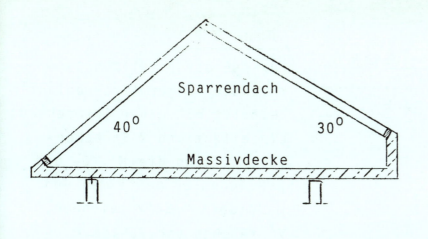

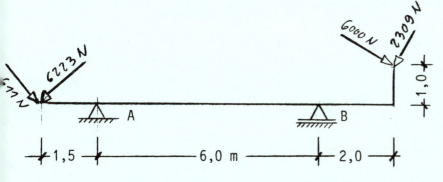

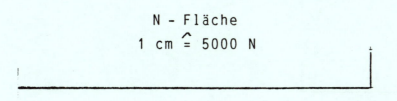

N - Fläche
1 cm ≙ 5000 N

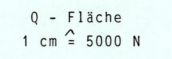

Q - Fläche
1 cm ≙ 5000 N

M - Fläche
1 cm ≙ 5000 Nm

Aufgabe B 3.2

Eine Massivdecke unter einem Sparrendach hat 6 m Stützweite und 2 Kragarme, einen davon mit biegesteif angeschlossenem Kniestock.

Die Querkräfte und Längskräfte der Sparren belasten die Decke in der angegebenen Weise.

Es sind die N-, Q- und M-Flächen der Decke für den Lastfall "Dachlast" (sonst keine weiteren Lasten, auch keine Deckeneigenlast) zu bestimmen und einzuzeichnen.

Dabei sind die Vorzeichen und die angegebenen Maßstäbe zu beachten.

Die Zahlenwerte der Schnittgrößen sind anzugeben, auf volle N bzw. Nm.

In die 2. Skizze von oben sind die Auflagerkräfte einzutragen, mit Pfeil und Zahlenwert.

B 15

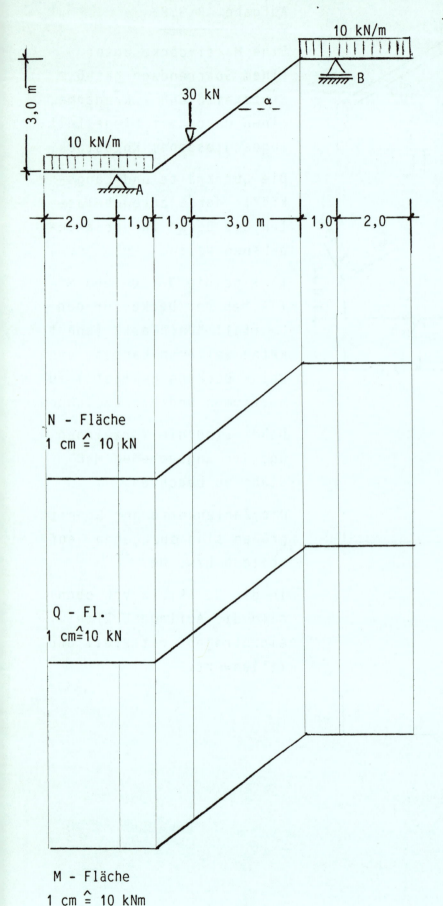

Aufgabe B 3.3

Für den dargestellten geknickten Träger (Treppenlauf), belastet mit einer lotrechten Einzellast und 2 Streckenlasten, sind die N-, Q- und M-Flächen zu bestimmen und maßstäblich aufzuzeichnen. Vorzeichen und Zahlenwerte sind anzugeben.
In die oberste Skizze sind die Auflagerkräfte einzutragen.

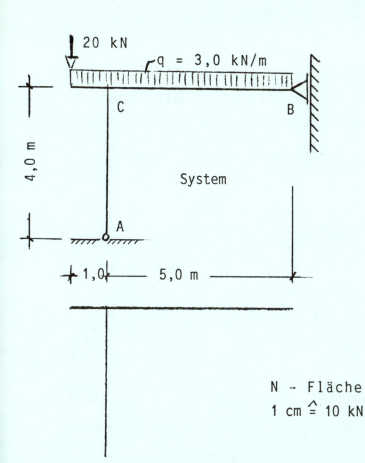

Aufgabe B 3.4

Ein Halbrahmen mit Kragarm trägt die gleichmäßig verteilte Last q = 3,0 kN/m und eine Einzellast von 20 kN am Kragarmende.

Das Rollenlager B stützt sich gegen eine lotrechte Mauer, bei A ist der Rahmen gelenkig mit dem Fundament verbunden.

Es sind die N-, Q- und M-Flächen des Rahmens zu bestimmen und maßstäblich darzustellen.

In die oberste Skizze sind die Auflagerkräfte einzutragen.

Zusatzfrage:

Bis zu welchem Betrag könnte die Einzellast gesteigert werden, wenn bei B keine Zugverankerung möglich ist?

Aufgabe B 3.5

Für den dargestellten, geknickten Dachträger (Shed), belastet durch Unterzug und Windsog, sind die M-, Q- und N-Flächen zu bestimmen und maßstäblich darzustellen. Die Größtwerte sind zahlenmäßig anzugeben.

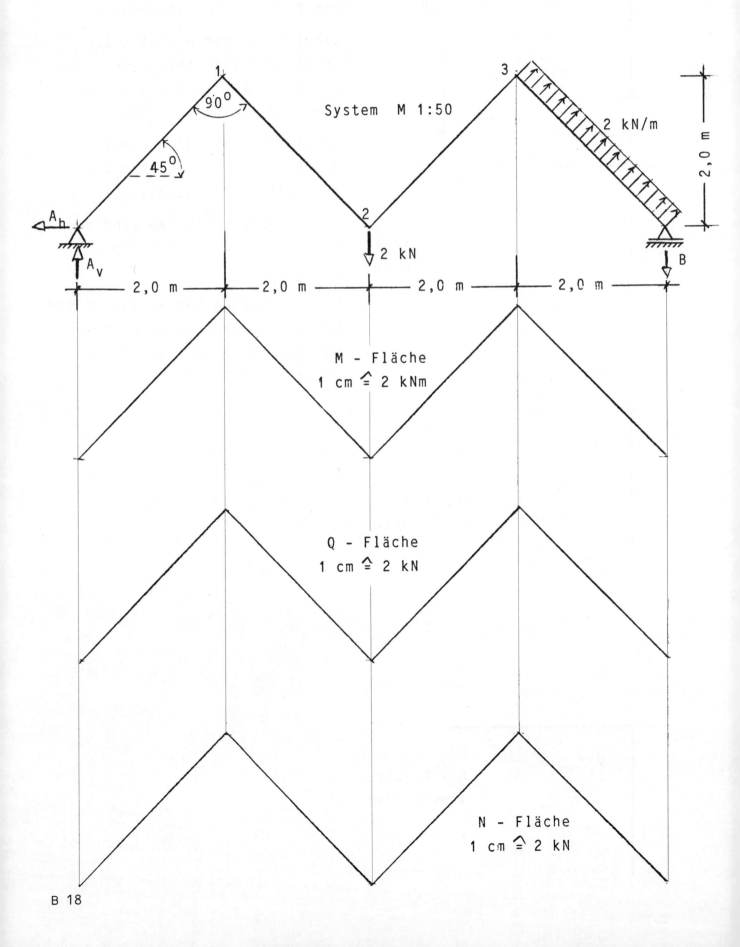

Aufgabe B 3.6

Für das dargestellte Sparrendach (Dreigelenkrahmen), belastet mit "Winddruck von links" und "Reparaturlast rechts" sind die N-, Q- und M-Flächen zu bestimmen und maßstäblich einzutragen.

In die oberste Skizze sind die Auflagerkräfte einzutragen.
Zahlenwerte in N bzw Nm.

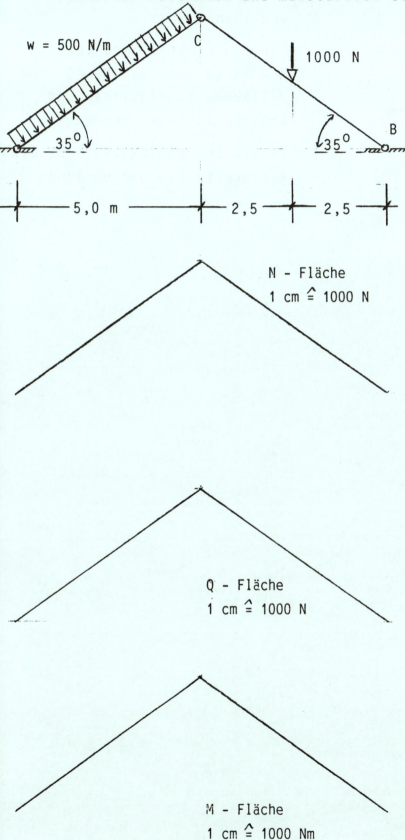

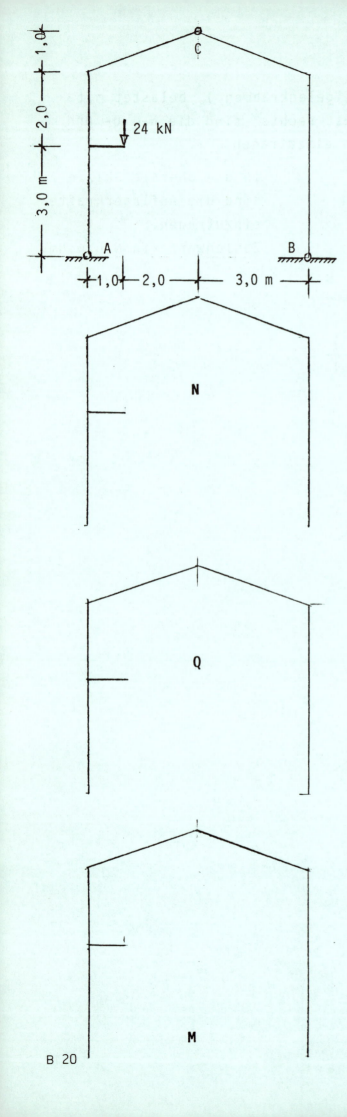

Aufgabe B 3.7

Der Dreigelenkrahmen einer Halle ist mit einer biegesteif angeschlossenen Kranbahnkonsole versehen.

Für den Lastfall Kranlast K = 24 kN sind die N-, Q- und M-Flächen zu ermitteln und maßstäblich einzuzeichnen.

In die oberste Skizze sind die Auflagerkräfte einzutragen.

Aufgabe B 3.8

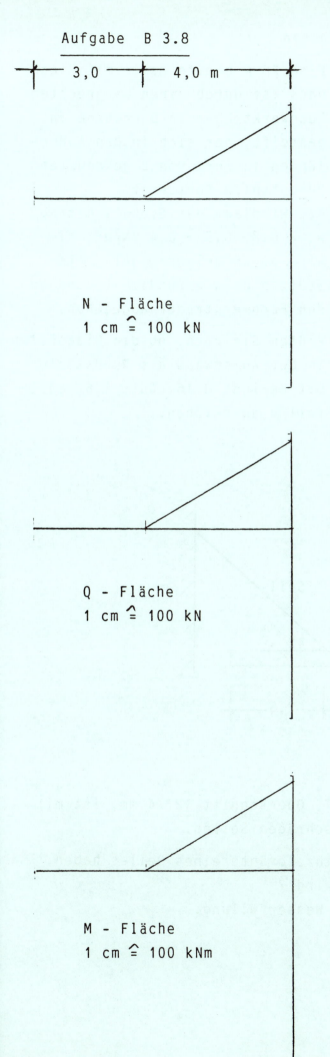

N - Fläche
1 cm ≙ 100 kN

Q - Fläche
1 cm ≙ 100 kN

M - Fläche
1 cm ≙ 100 kNm

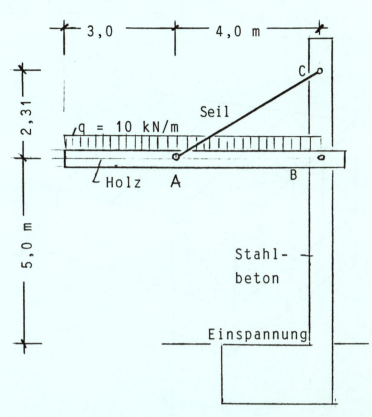

Ein Vordach aus Holz ist mit einer eingespannten Stahlbetonstütze gelenkig verbunden, bei B mit einem Bolzen und zwischen A und C mit einem Stahlseil.
Die Belastung des Vordaches beträgt q = 10 kN/m (sonst keine weiteren Lasten).

Es sind die N-, Q- und M-Flächen des Systems zu bestimmen und maßstäblich aufzutragen.

Die Auflagerkräfte an der Einspannstelle sind anzugeben.

B 4 Zug, Druck und Abscheren

Aufgabe B 4.1

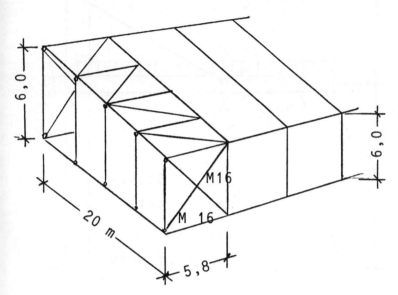

Eine 20 m breite Halle mit Flachdach ist durch einen waagrechten Fachwerkträger in Dachebene ausgesteift, der sich in den Außenwänden in Form von 2 gekreuzten Rundstählen fortsetzt.

Die Windlast des Giebels beträgt $w_d = 0.8 \cdot 0.5 = 0,4$ kN/m², sie wird durch gelenkig gelagerte Stützen an die Fundamente und an den Fachwerkträger abgegeben.

Prüfen Sie nach, ob die Diagonalen in der Außenwand als Rundstähle mit Gewinde M 16, Güte 4.6, Lastfall H ausreichen.

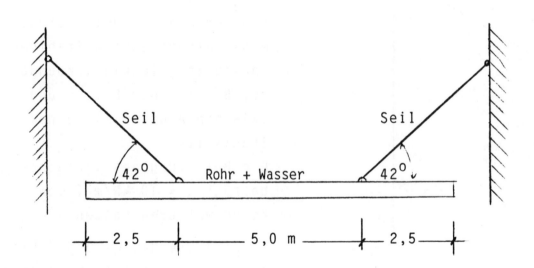

Aufgabe B 4.2

Ein 10 m langes Stahlrohr aus St 37, Querschnitt 127/4 mm, ist mit Wasser voll gefüllt und hängt an 2 schrägen Seilen.

Welchen Durchmesser müssen die 14 Einzeldrähte eines Seiles haben, wenn St 37 im Lastfall H verwendet wird ?
Es enstehen nur Lasten aus Rohr und Wasserfüllung.

Aufgabe B 4.3

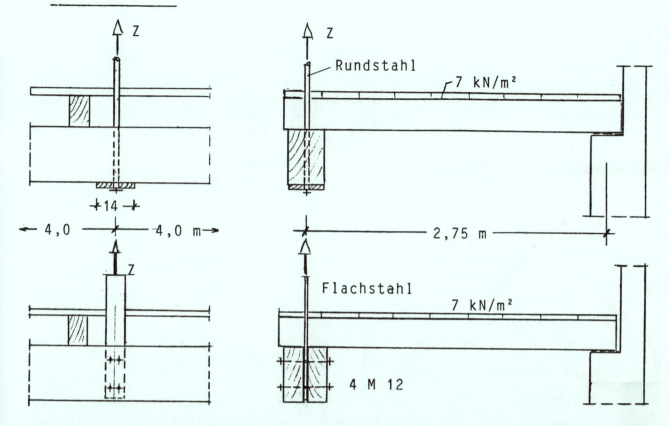

Innerhalb eines Gebäudes ist eine Galerie aus Holz vorgesehen, die rechts durch Mauerwerk und links durch Rundstähle (alle 4,0 m) gehalten ist. Die Rundstähle leiten ihre Last in die Dachkonstruktion ein.

Die Gesamtlast der Galerie infolge Eigenlast und Nutzlast beträgt 7,0 kN/m², die Stützweite in Querrichtung ist 2,75 m.

1. Welche Zugkraft entsteht im Rundstahl ?

2. Welcher Rundstahl-Durchmesser ist erforderlich ? (St 37, Lastf. H)

3. Welches Gewinde ist erforderlich, wenn der Zugstab als Rohe Schraube der Güte 4.6 im Lastfall H ausgeführt wird ?

4. Zwischen Mutter und Holz wird eine quadratische Unterlagsplatte 14·14 cm mit 2,5 cm Lochdurchmesser eingebaut. Welche Pressung entsteht zwischen Platte und Holz ?

5. Statt des Rundstahles wird ein Flachstahl 100·4 mm vorgesehen, angeschlossen durch 4 Rohe Schrauben M 12, Güte 4.6.
Schrauben und Flachstahl sind statisch nachzuweisen.
Die Tragfähigkeit der Schrauben im Holz soll nicht maßgebend sein.

Aufgabe B 4.4

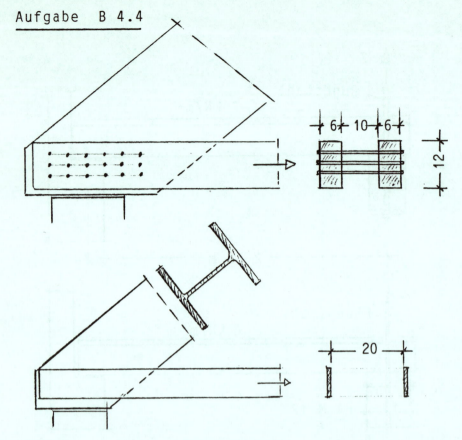

Das Holz-Zugband aus NH II eines Binders hat den Querschnitt 2·6/12 cm und ist mit 18 Stabdübeln Ø 10 mm angeschlossen.
Die Zugkraft beträgt 90 kN im Lastfall H.

1. Ist das Zugband ausreichend bemessen ?

2. Reichen die Stabdübel aus ? (Kraftfaserwinkel vernachlässigen)

3. Das Holz-Zugband soll durch ein solches aus St 37 ersetzt werden. Vorgesehen sind 2 Flachstähle mit 6 mm Dicke, die durch Rohe Schrauben M 16 an den Dachträger IPB 200 angeschlossen sind.
   Welche Breite muß das 2-teilige Stahl-Zugband haben ?

4. Wieviel Rohe Schrauben M 16 sind für den Stahl-Anschluß notwendig ?
   Ergänzen Sie die Skizze.

5. Welche elastischen Verlängerungen erfahren die beiden Zugbänder unter der einwirkenden Kraft von 90 kN ?   ($l_0 = 15$ m)
   Was sagen Ihnen die Ergebnisse ?

Aufgabe B 4.5

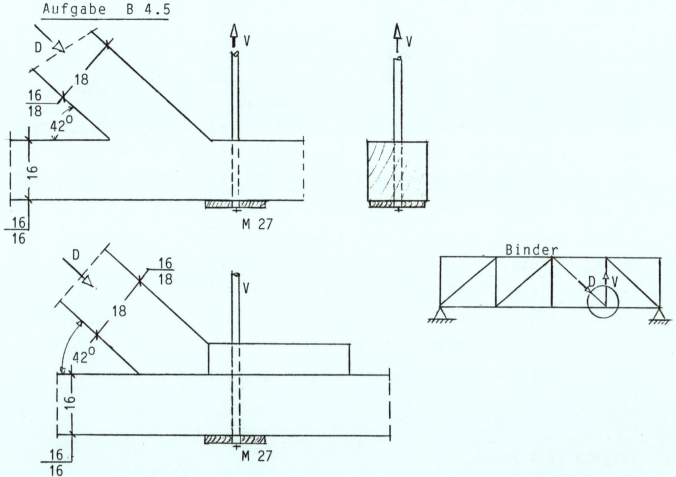

Vom Fachwerkknoten eines Holzbinders sind die Holzstärken und die Winkel bekannt. Der V-Stab erhält 46,5 kN Zugkraft und wird als Rundstahl Ø 27 mit Gewinde M 27 als Rohe Schraube St 37 ausgeführt. NH II.

1. Ist der V-Stab richtig dimensioniert? Lastfall H.

2. Welche Unterlegplatte muß zwischen Mutter und Holz sein?

3. Welcher Versatz ist für den Anschluß des D-Stabes notwendig? Die Kraft D ist durch Krafteck bestimmbar, der Versatz ist maßstäblich aufzuzeichnen.

4. Wahlweise soll an Stelle des Versatzes ein 16 cm breites Stirnholz verwendet werden. Die Stirnholzhöhe ist zu bestimmen.

5. Das Stirnholz soll durch Nägel 55 x 160 an den Untergurt angeschlossen werden. Wie lang wird das Stirnholz? Zeichnen Sie das Nagelbild auf.

6. Wie lang muß das Stirnholz werden, wenn es auf den Untergurt aufgeleimt werden soll? Wäre das sinnvoll? Kann eine tragende Leimung von jedem Holzbaubetrieb ausgeführt werden?

Aufgabe B 4.6

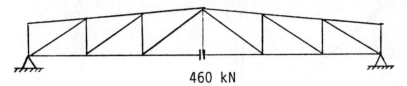

460 kN

Der Zugstab einer Stahlkonstruktion soll als 12 mm dicker Flachstahl aus St 37 ausgeführt werden, er ist mit Z = 460 kN (H) belastet.
Für den Stoß des Zugstabes sind Laschen und Schrauben M 20 vorgesehen.

Es sind 3 Ausführungsarten des Stoßes zu untersuchen:

1. Ausführung mit SL-Schrauben M 20 der Güte 4.6
2. Ausführung mit SLP-Schrauben M 20   "   4.6
3. Ausführung mit GV-Schrauben M 20 der Güte 10.9

Dabei sollen Schraubenanzahl, Schraubenabstände, Flachstahlbreite und Laschenabmessungen möglichst klein werden.

Die 3 Anschlüsse sind zu berechnen und maßstäblich darzustellen.

Aufgabe B 4.7

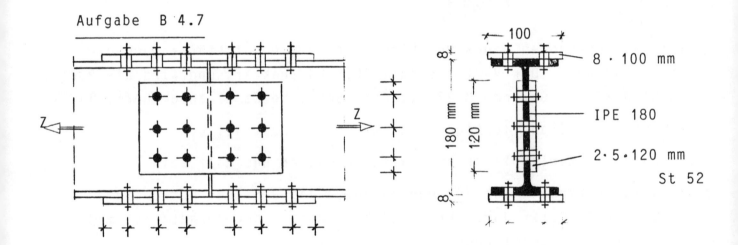

Ein Stahlträger IPE 180 aus St 52 wird auf Zug beansprucht und durch 4 Laschen und insgesamt 36 Paßschrauben M 12 der Güte 5.6 gestoßen.

Berechnen Sie die aufnehmbare Zugkraft des Stoßes und tragen Sie die fehlenden Schraubenabstände in die Skizzen ein.

Aufgabe B 4.8

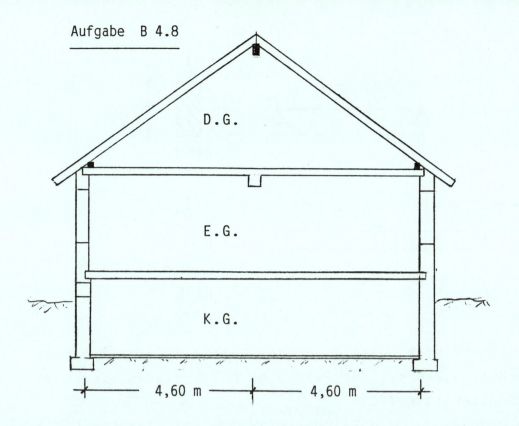

Für das im Schnitt dargestellte Wohngebäude ist das Fundament unter der Giebelwand zu berechnen.
Als Baugrund steht halbfester bindiger Boden an.
Die Decke über E.G. spannt sich parallel zum Giebel und liegt auf einem mittigen Unterzug auf, der die Stützweite 4,20 m hat.
Die Decke über K.G. stützt sich auf der Giebelwand ab, die Deckenstützweite beträgt ebenfalls 4,20 m.

Die Lastaufstellung hat nach DIN 1055 zu erfolgen, für fehlende Angaben sind sinnvolle Annahmen zu treffen.

Das Giebelfundament ist für mittige Last nachzuweisen.

B 5 Biegung

Aufgabe B 5.1

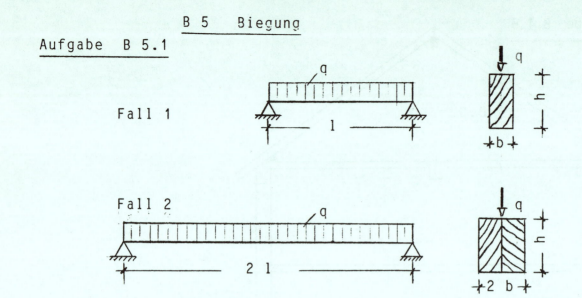

Für einen Träger mit der Stützweite l und der Last q (Eigenlast inbegriffen) ist ein Holzbalken mit der Fläche b·h vorgesehen. Verwendet wird Nadelholz der Güteklasse II.
Aus konstruktiven Gründen muß die Balkenstützweite bei gleicher Last verdoppelt werden. Der Polier auf der Baustelle sagt, daß jetzt die Balkenbreite verdoppelt werden muß, damit die Biegespannung gleich bleibt.

1. Hat der Polier recht ?   *Immer!*
2. Wenn nicht, wie muß der Balken Ihrer Meinung nach verändert werden ?
3. Wie muß der Balken verändert werden, damit in beiden Fällen die zulässige Durchbiegung eingehalten ist ?

Aufgabe B 5.2

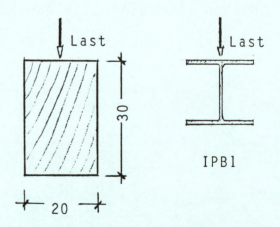

Bei der Sanierung eines älteren Wohnhauses soll ein schadhafter Holzbalken 20·30 cm aus Nadelholz der Güteklasse II durch einen Stahlträger aus St 37 mit gleicher Tragfähigkeit ersetzt werden. Lastfall H. Stabilitätsnachweise sind nicht zu führen.

Welches IPBl-Profil (HE-A) ist erforderlich ?

Aufgabe B 5.3

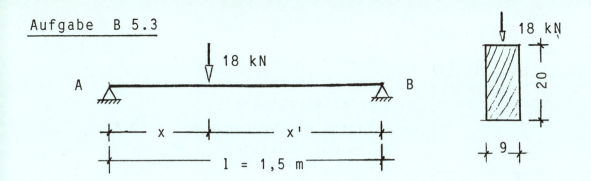

Ein Holzbalken 9/20 cm aus NH II trägt die Einzellast 18 kN im Lastfall H.
Eigenlasten sind zu vernachlässigen.

1. Bei welchem Abstand x_1 vom Auflager A ist die zulässige Biegespannung voll ausgenützt ?

2. Bei welchem Abstand x_2 vom Auflager A ist die zulässige Schubspannung voll ausgenützt ?

3. Welche Einzellast ist aufnehmbar, wenn der Abstand $x_3 = 0{,}55$ m von A aus festgelegt wird ?

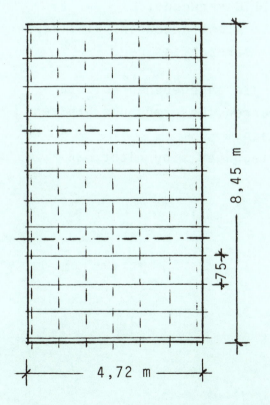

Aufgabe B 5.4

Ein Student hat im Rahmen eines Entwurfes (Mauerwerksbau) einen Raum mit den Lichtweiten 4,72 · 8,45 m mit einer Holzbalkendecke zu überspannen. N H II.

Er erwägt 2 Möglichkeiten :

1. Holzbalken in Richtung der kleineren Stützweite gespannt (mit Vollinie skizziert), keine Unterzüge.

2. 2 Holzunterzüge in Richtung der kleineren Stützweite gespannt (strichpunktiert skizziert), die Holzbalken rechtwinklig zu den Unterzügen verlaufend (gestrichelt skizziert).

Lasten : Ständige Last (ohne Unterzüge) $g = 1{,}40$ kN/m²
Verkehrslast (Wohnraum) $p = 2{,}00$ kN/m²
Balkenabstand in beiden Fällen $e = 0{,}75$ m

Ermitteln Sie rechnerisch, welcher der beiden Vorschläge weniger Holz verbraucht.

Aufgabe B 5.5

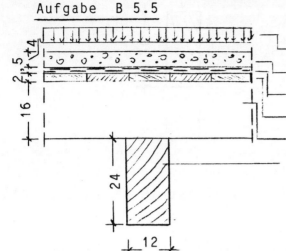

- Schnee 0,90 kN/m²
- 4 cm Kiesschüttung
- 2-lagige Bitumenpappe mit Kleber
- 25 mm Holzschalung
- Balken 8/16 cm, Abstand 77 cm
- Unterzug 12/24 cm

Statisches System des Unterzuges

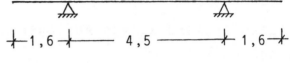

Ein Vordach besteht aus Holzbalken 8/16 cm in 77 cm Abstand und einem Holzunterzug 12/24 cm auf 2 Stützen.

Maße und Dachaufbau können den Skizzen entnommen werden. Es wird NH II und Lastfall H verwendet.
Das Dach ist nicht begehbar. Windlasten sind zu vernachlässigen.

Prüfen Sie die angegebenen Holzstärken für Sparren, Unterzug und Stützen statisch nach.
Die Durchbiegungen sind nicht maßgebend.

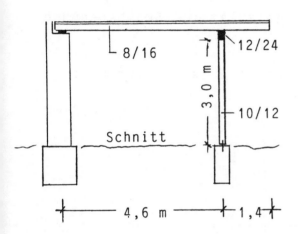

Schnitt

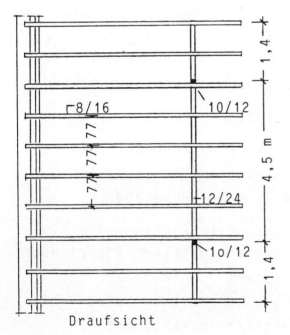

Draufsicht

Stat. System Sparren

Aufgabe B 5.6

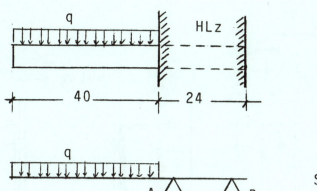
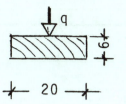
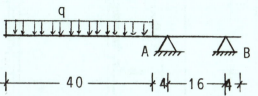

Statisches System

Eine Bohle 6·20 cm aus NH II kragt 40 cm aus und ist in eine 24-er Wand aus HLz 6/IIa/1,0 eingespannt.
Die Einspannung ist durch das angegebene statische System zu ersetzen.

1. Wie groß darf die gleichmäßig verteilte Last q in kN/m sein ?
2. Wie groß ist die Pressung an der Innenkante der Mauer ?
3. Wieviel m³ Mauerauflast muß vorhanden sein ?

Aufgabe B 5.7

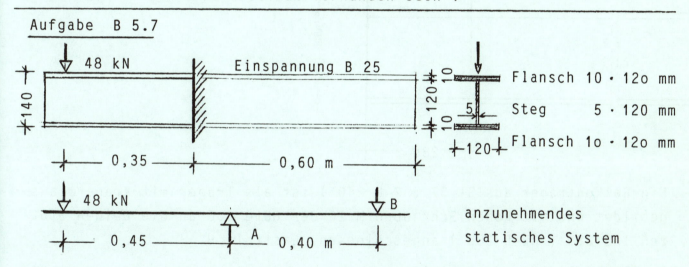

anzunehmendes statisches System

Ein Stahlträger aus ST 37 ist 60 cm tief in eine Stahlbetonwand eingespannt.
Die Belastung besteht aus einer Einzellast von 48 kN im Lastfall H.
Die Trägereigenlast ist zu vernachlässigen. Der Träger wurde aus 3 Blechen zusammengesetzt und biege- und schubfest verschweißt.

1. Wie groß ist die maximale Biegespannung ?
2. Wie groß ist die maximale Schubspannung ?
3. Wie groß ist die Schubspannung in den Schweißnähten ?
4. Wie groß ist die maßgebende Vergleichsspannung ?
5. Welche Kantenpressung hat der Beton aufzunehmen ?

Aufgabe B 5.8

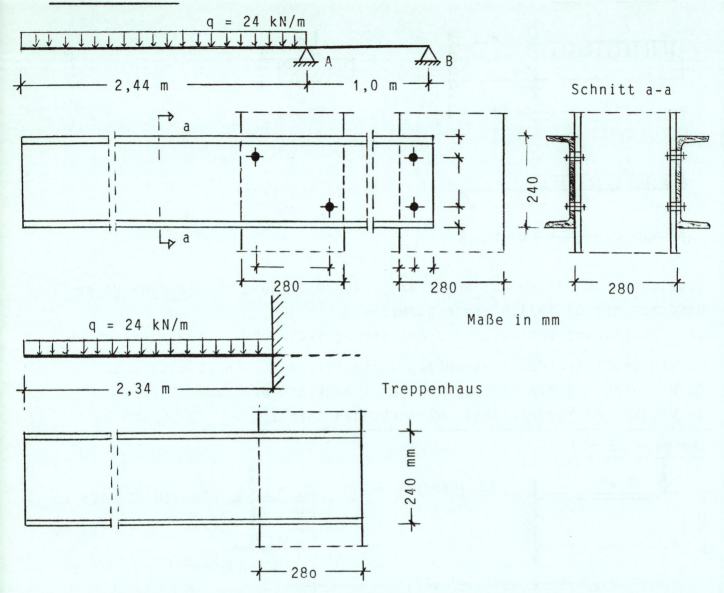

Maße in mm

Ein Balkonträger aus St 37 (2 U 240) ist als Träger mit Kragarm ausgebildet und mit Rohen Schrauben M 20 der Güte 4.6 an die beiden Stützen IPB 280 (HE-B 280) angeschlossen. Lastfall H.

1. Prüfen Sie die dargestellten Schrauben statisch nach und tragen Sie die Schraubenabstände in die Skizze ein.

2. Im Treppenhausbereich muß der Balkonträger als reiner Kragträger ausgeführt werden.
   Ermitteln Sie die Anzahl der notwendigen Paßschrauben M 20 der Güte 5.6 und tragen Sie diese mit ihren Abständen in die Skizze ein. Waagrechte Schraubenkräfte infolge Einspannmoment sind zu vernachlässigen.

3. Berechnen Sie die größte Biege- und die größte Schubspannung des Balkonträgers.

Aufgabe B 5.9

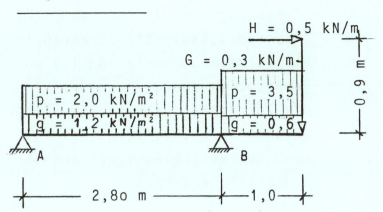
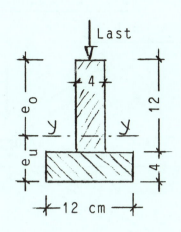

Ein aus 2 Brettern 4·12 cm verleimter Holzbalken aus NH II ist als Träger mit Kragarm ausgebildet und trägt die angegebenen Lasten. (H)

1. Wie groß ist die maximale Biegespannung über der Stütze und die Durchbiegung am Kragarmende?

2. Wie groß ist die maximale Biegespannung im Feld und die Durchbiegung in Feldmitte?

3. Wie groß ist die maximale Schubspannung in der Leimfläche und in Höhe der Nullinie?

Aufgabe B 5.10

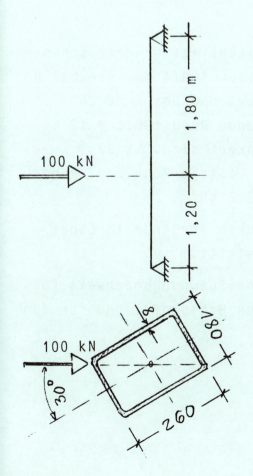

Eine 3 m hohe Stütze an einer Tankstelle besteht aus einem Hohlprofil 260·180·8 mm St 37.
Beim Anprall eines Fahrzeuges entsteht eine schräg einwirkende horizontale Last von 100 kN in 1,2 m Höhe.
Lotrechte Stützenlasten sollen vernachlässigt werden.

1. Welche Biegespannung hat die Stütze aufzunehmen?

2. Was halten Sie von dieser Spannung?

B 6 Knickung, Biegung mit Längskraft

Aufgabe B 6.1

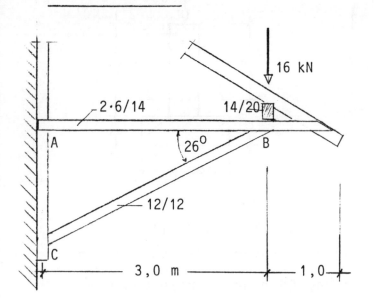

An ein bestehendes Gebäude (Mauerwerksbau) soll nachträglich ein Vordach aus Holz (NH II) angebracht werden.

Die lotrechte Last aus der Pfette beträgt 16 kN. Weitere Lasten sind zu vernachlässigen, auch Außermittigkeiten.

1. Nachprüfung der Strebe 12/12, Nachweis des Anschlusses.

2. Nachprüfung der Zange 2·6/14, Nachweis des Anschlusses.

3. Nachprüfung der Pfette 14/20 cm für q = 4 kN/m (lotrecht), l = 4,0 m

4. Nachprüfung der Pfette 14/20 cm für q = 4 kN/m (lotrecht) und
   w = 0,5 " (waagrecht), l = 4 m

5. Ergeben sich durch w Änderungen für Strebe und Zange ?

6. Die Knoten A, B und C sind maßstäblich aufzuzeichnen.

Aufgabe B 6.2

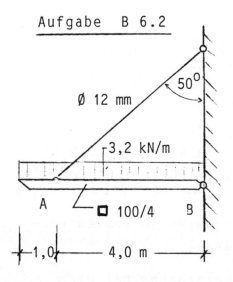

Ein Vordach besteht aus quadratischen Stahl-Hohlprofilen 100/4 mm, die bei B gelenkig gelagert und bei A durch schräg verlaufende Rundstähle Ø 12 mm nach oben verankert sind. St 37.

Die maßgebende Last je Rohr bzw. Rundstahl beträgt 3,2 kN/m.

Knoten A ist durch Verbände in Längsrichtung ausgesteift.

Verlangt ist der Spannungsnachweis für das quadratische Hohlprofil und für den Rundstahl.

B 34

Aufgabe B 6.3

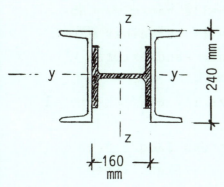

Eine Stahlstütze aus St 37 besteht aus 3 biegefest verschweißten Stahlprofilen (2 U240 + IPB 160).

Die Knicklängen betragen $s_{ky} = 6,50$ m
und $s_{kz} = 7,80$ m.

Welche mittig wirkende Stützenlast ist im Lastfall H aufnehmbar ?

Aufgabe B 6.4

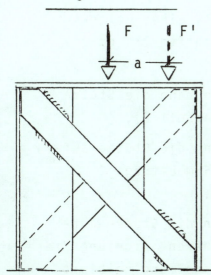

Eine Stahlstütze aus St 37 besteht aus 4 rechteckigen Stahl-Hohlprofilen 140·80·4 mm und den Achsabständen 340 und 360 mm.
Die 4 Rechteckrohre sind durch fachwerkartige Verstrebungen zu einem einheitlich zusammenwirkenden Tragwerk verbunden.
Diese Verstrebungen sind bei der Berechnung nicht zu berücksichtigen.
Die Knicklänge der Stütze beträgt 12 m.

1. Welche mittige Stützenlast F ist im Lastfall H aufnehmbar ?

2. Welche kleinere Stützenlast ist aufnehmbar, wenn die Belastung F' mit einer Ausmitte von a = 17 cm angreift ?

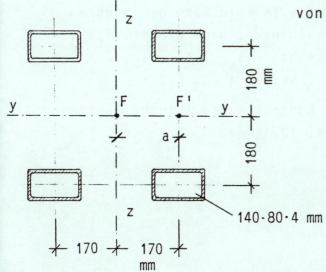

Aufgabe B 6.5

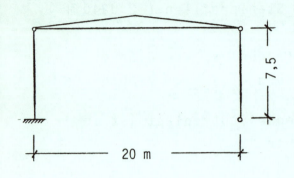

Die Dachbinder einer Halle haben den Abstand 5m und sind jeweils auf einer eingespannten und auf einer Pendelstütze aufgelagert.

Die eingespannte Stütze ist als IPE-Profil in St 37 nachzuweisen.

Die Schneelast ist für den Bauort 8416 Hemau anzunehmen. Für die Eigenlasten sind sinnvolle Annahmen zu treffen.

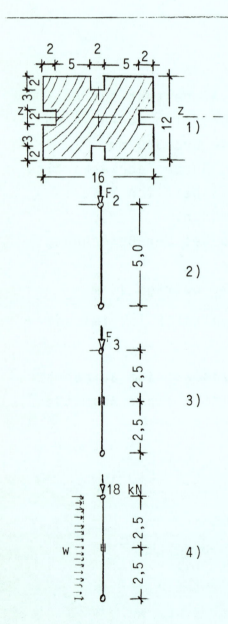

Aufgabe B 6.6

Eine Stütze 12/16 cm aus NH II eines Holzskeletthauses ist durch 4 Einschnitte 2·2 cm geschwächt (Skizze 1).

1. Mit welcher maximalen Höhe kann die Stütze ausgeführt werden? (Eulerfall 2).

2. Welche mittige Last F_2 kann die Stütze aufnehmen, wenn $s_{ky} = s_{kz} = 5$ m beträgt? Lastfall H. (Skizze 2).

3. Welche andere Last F_3 kann die Stütze aufnehmen, wenn in der "weicheren" Richtung die Knicklänge durch eine Aussteifung halbiert wird? $s_{ky} = 5$ m, $s_{kz} = 2,5$ m, Lastfall H. (Skizze 3).

4. Welche Windlast w in kN/m kann die Stütze nach Frage 3 aufnehmen, wenn die mittige Last 18 kN beträgt? $s_{ky} = 5$ m, $s_{kz} = 2,5$ m, Lastfall HZ. (Skizze 4 und 5).

5. Lösen Sie zur Kontrolle die Aufgabe für den Vollquerschnitt 12/16 cm.

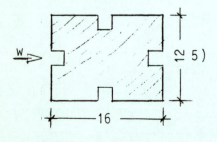

Aufgabe B 6.7

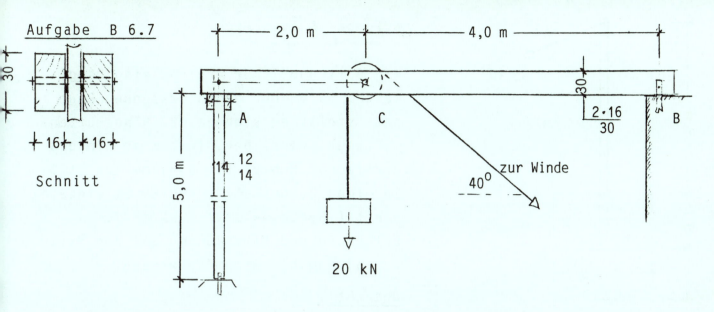

Ein Hebegerät besteht aus 2 nebeneinander liegenden waagrechten Holzbalken aus NH II, zwischen denen eine reibungsfrei gelagerte Rolle befestigt ist. Die Balken sind bei B fest mit einem Massivbauteil verbunden und bei A an eine Pendelstütze aus NH II angeschlossen. Die Pendelstütze ist oben in Längsrichtung ausgesteift.

Die hochzuziehende Last beträgt 20 kN. Eigenlasten sind zu vernachlässigen.

<u>Gesucht</u> ist der Spannungsnachweis des Doppelbalkens und der Pendelstütze.

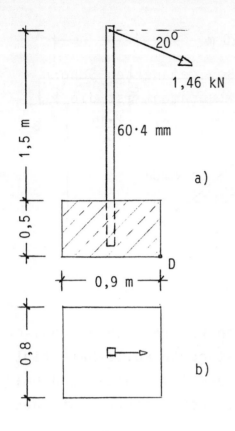

a)

b)

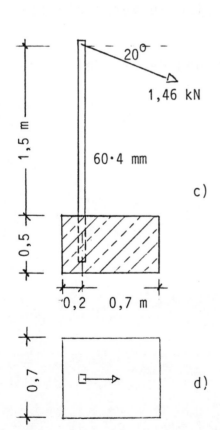

c)

d)

e)

Aufgabe B 6.8

Ein Gartenbesitzer erwirbt eine Hängematte. Da er nur einen passenden Baum hat, stellt er sich das 2. Hängemattenauflager selbst her, in dem er ein quadratisches Hohlprofil 60·4 mm aus St 37 in einen Betonklotz 90·80·50 cm einbetoniert (Betongewicht 24 kN/m³). Belastung und Maße können aus den Skizzen a) und b) entnommen werden.

Gesucht :

1. Spannungsnachweis des Quadratrohres.
2. Kippsicherheit des Systems um D.
3. Bodenpressung U.K. Fundament.
4. Gleitsicherheit (Reibungsbeiwert 0,3).
5. Die Gefährtin des Gartenfreundes meint, daß bei ausmittiger Anordnung der Stütze das Fundament nur 70 cm (statt 80 cm) breit sein muß. Skizze c) und d).

   Hat die junge Frau recht ?

6. Welche Last F darf der Gartler in die Hängematte einbringen, wenn die in den Skizzen angegebene Beanspruchung nicht überschritten werden soll ?   Skizze e)

B 38

Aufgabe B 6.9

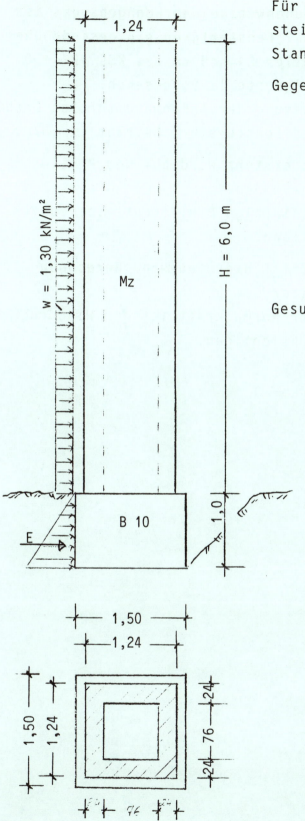

Für einen quadratischen gemauerten Schornstein mit Stampfbetonfundament ist die Standsicherheit zu ermitteln.

Gegeben: Mauerwerk aus Mz 12/1,8/II
- Außenmaß   1,24 · 1,24 m
- Mauerdicke   24 cm
- Schornsteinhöhe   6,0 m
- Betonfundament   23 kN/m³
  1,50 · 1,50 · 1,0 m
- Windlast $w = 1{,}30$ kN/m²
- Erddruck $\gamma = 22$ kN/m³; $\varphi = 20°$
  $\delta = 0$

Gesucht:
1. Mauerpressung, Kipp- und Gleitsicherheit O.K. Fundament
2. Wie vor, jedoch für U.K. Fundament

B 39

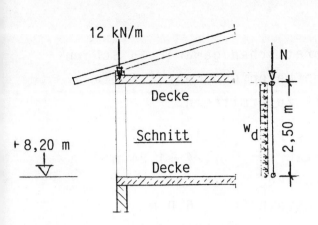

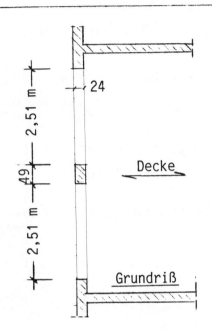

Aufgabe B 6.10

In der Außenwand eines Wohngebäudes ist zwischen 2 Fenstertüren ein geschoßhoher Mauerpfeiler 24 · 49 cm aus KSL 12/ 1,0 in Mörtelgruppe II vorgesehen.
Die Belastung der Außenwand infolge Dach, Decke und Fenstersturz beträgt 12 kN/m.

Der Fenstersturz wird auf dem Pfeiler mittig gestoßen.
Die Last infolge Pfeilerputz ist zu vernachlässigen.

Verlangt ist die statische Berechnung des Pfeilers.
Außer der Normalkraft ist der Winddruck zu berücksichtigen.

B 7 Durchlaufende Träger

Aufgabe B 7.1

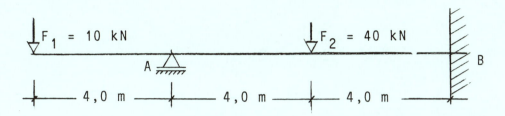

Ein Träger mit Kragarm und Endeinspannung (wegen Symmetrie) trägt die Einzellasten F_1 = 10 kN und F_2 = 40 kN.
Die Trägereigenlast soll nicht berücksichtigt werden.

Gesucht : 1. Momentenfläche des Trägers.
2. Querkraftfläche des Trägers.
3. Größte Biegespannung, wenn ein Stahlträger IPE 240 aus St 37 verwendet wird. Lastfall H.
4. Durchbiegung unter der Einzellast F_2.

Aufgabe B 7.2

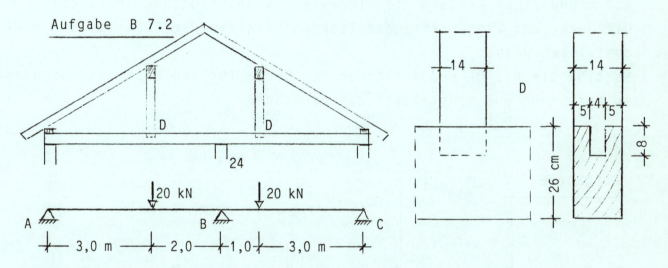

Zur Abfangung der Einzellasten aus einem Pfettendach wird ein durchlaufender Holzbalken 14/26 cm eingebaut.
Eigenlasten sind in den beiden Einzellasten enthalten.
Die Dachpfosten sind durch Zapfen mit dem Holzbalken verbunden.

Gesucht: 1. Nachweis der Biegespannung über der Stütze und im Feld.
Die Querschnittsschwächung durch das Zapfenloch ist zu berücksichtigen (nicht die Schwerpunktsverschiebung).

2. Nachweis der größten Schubspannung im Balken.
3. Nachweis der größten Durchbiegung
4. Nachweis der Auflagerpressung bei B.
5. Die Darstellung der Schnittgrößen wird empfohlen.

Aufgabe B 7.3

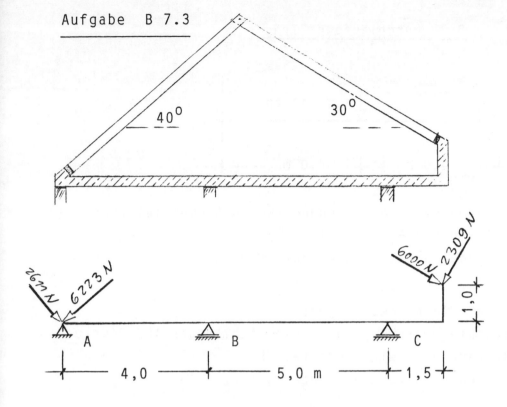

Die Massivdecke unter einem Sparrendach hat die Stützweiten 4,0 m und 5,0 m und einen Kragarm mit biegesteif angeschlossenem Kniestock. Die Quer- und Längskräfte der Sparren belasten die Decke in der dargestellten Weise.

Es sind die N-, Q- und M-Flächen der Decke für den Lastfall "Dachlast" zu bestimmen und maßstäblich aufzuzeichnen.

Aufgabe B 7.4

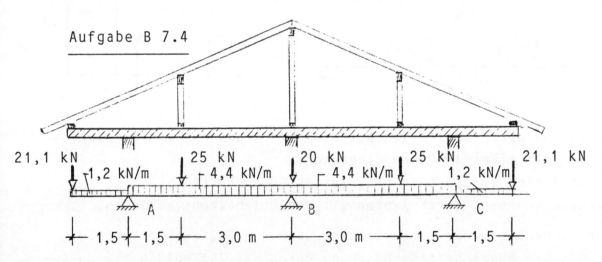

Unter einem Pfettendach wird eine Zweifelddecke mit 2 Kragarmen eingebaut. System und Belastung siehe Skizzen.

Es sind die Q- und M-Flächen der Durchlaufdecke zu bestimmen und maßstäblich darzustellen.

Aufgabe B 7.5

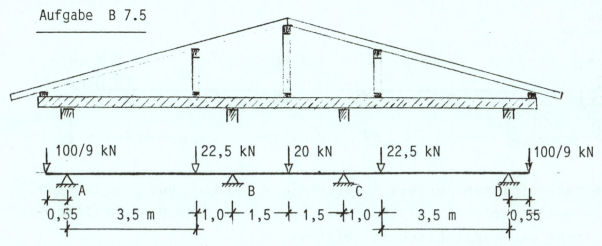

Unter einem Pfettendach wird eine Massivdecke eingebaut, die als durchlaufende Platte über 3 Felder mit 2 Kragarmen ausgeführt wird.

Die 5 Einzellasten aus dem Dach können aus der Skizze entnommen werden.

Es sind die Q- und M-Flächen für den Lastfall "Dachlast" zu ermitteln und maßstäblich aufzuzeichnen.

Aufgabe B 7.6

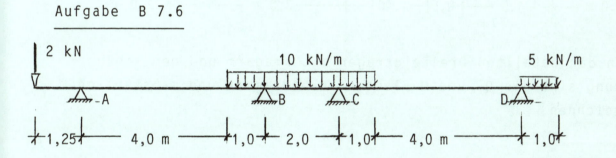

Für den dargestellten 3 - Feldträger mit 2 Kragarmen und gemischter Belastung ist die Querkraft- und Momentenfläche zu ermitteln und maßstäblich zu zeichnen.

B 43

Aufgabe B 7.7

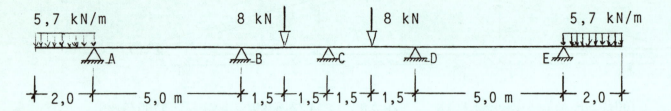

Für den dargestellten Durchlaufträger mit 4 Feldern und 2 Kragarmen sind für den angegebenen Lastfall die Querkraft- und Momentenflächen zu bestimmen und maßstäblich zu zeichnen.

Aufgabe B 7.8

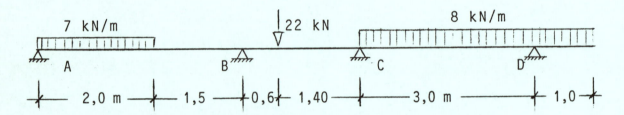

Für den dargestellten Dreifeldträger mit Kragarm und gemischter Belastung sind die Q- und M-Flächen zu bestimmen und maßstäblich aufzuzeichnen.

B 8   Stahlbeton

Aufgabe B 8.1

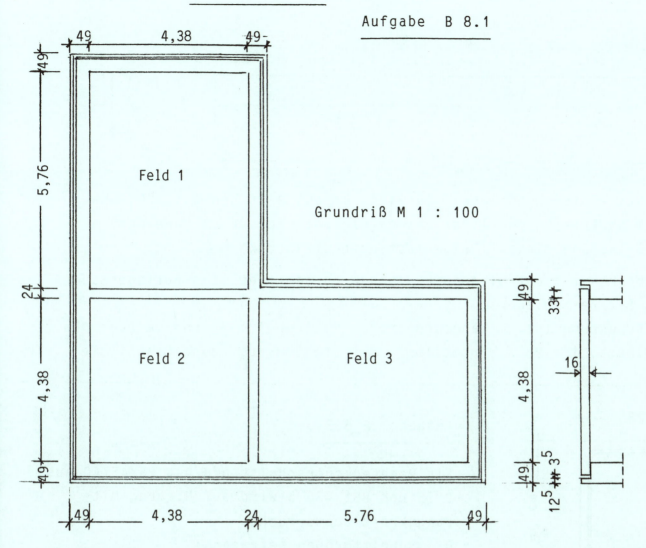

Grundriß M 1 : 100

Für die dargestellte Deckenplatte aus B 25 sind die Schnittgrößen nach Pieper-Martens und die Bewehrung in BSTG (einlagig) zu ermitteln.

Die obere und die untere Deckenbewehrung ist in getrennten Grundrissen im Maßstab 1 : 100 darzustellen.

Von der Bewehrung sind Schneideskizzen anzufertigen, wobei möglichst wenig Verschnitt entstehen soll.

Belastung: q = g + p = 6,0 + 3,5 = 9,5 KN/m²
Deckenstärke   16 cm
Baustoffe :   B 25, BSt 500 M   (Betonstahlmatten)

Aufgabe B 8.2

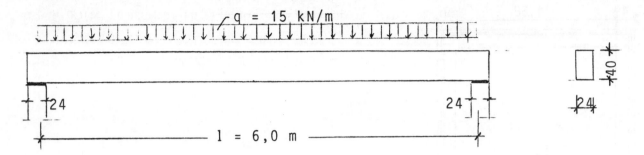

Ein Stahlbeton-Rechteckbalken 24/40 cm aus B 25 und BSt 420 S hat 6,0 m Stützweite und liegt beidseitig voll auf 24 cm Mauerwerk auf. Die Belastung einschl. Eigenlast beträgt 15,0 kN/m

Der Balken ist auf Biegung und Schub zu bemessen, das Auflagermauerwerk ist festzulegen.

Die Bewehrung ist im Längsschnitt im Maßstab 1 : 50 und im Querschnitt im Maßstab 1 : 20 darzustellen (mit Stahlauszug, ohne Stahlliste).

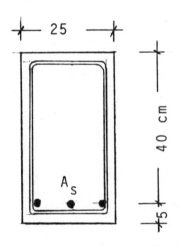

Aufgabe B 8.3

Ein Rechteckquerschnitt b/d/h = 25/45/40 aus B 25 und BSt 420 S wird auf Biegung mit Längskraft beansprucht.

Die Schnittgrößen betragen :

Lastfall 1: M = 50 kNm und N = − 90 kN
" 2: M = 50 kNm und N = + 30 kN

Der Querschnitt ist zu bemessen.

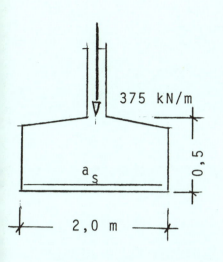

Aufgabe B 8.4

Ein mittig belastetes Streifenfundament aus B 25 hat die Maße 2,0·0,5 m und ist an der Oberkante mit 375 kN/m belastet (aus einer 25 cm dicken Betonwand).

Die Fundamentabmessungen sind zu überprüfen, die zulässige Bodenpressung beträgt 200 kN/m².

Für die Bewehrung sind Betonstahlmatten vorzusehen.

Teil C   Lösungen

Lösung zu B 1.1

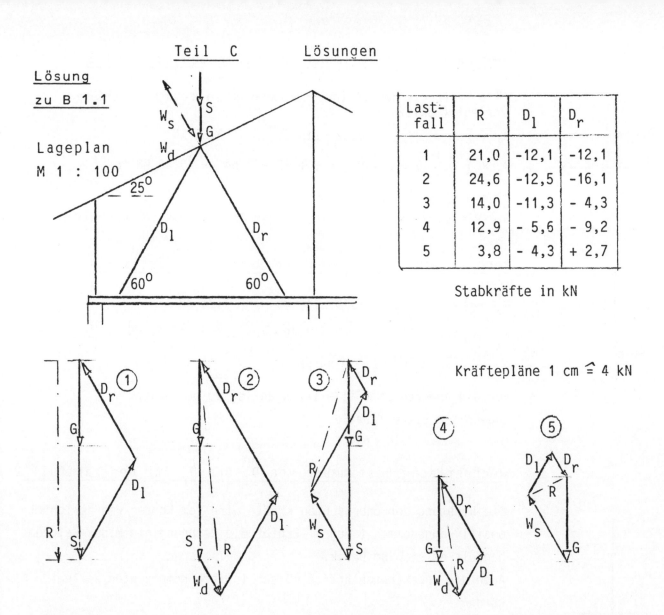

Lageplan M 1 : 100

Kräftepläne 1 cm ≙ 4 kN

Last-fall	R	D_l	D_r
1	21,0	−12,1	−12,1
2	24,6	−12,5	−16,1
3	14,0	−11,3	− 4,3
4	12,9	− 5,6	− 9,2
5	3,8	− 4,3	+ 2,7

Stabkräfte in kN

Lösungsgang :

Zuerst werden die gegebenen Kräfte in beliebiger Reihenfolge maßstäblich hintereinander gezeichnet, die Resultierende ergibt sich dann als Verbindungslinie des Anfangspunkts der ersten mit dem Endpunkt der letzten Kraft.

Mit Hilfe der gegebenen Richtungen der Diagonalen schließt man die Kraftecke, wobei die Pfeile im "Einbahnverkehr" hintereinander her laufen müssen.

Die Pfeile von D_l und D_r zeigen - mit einer Ausnahme - in Richtung Knoten, es handelt sich um Druckstäbe (Minuszeichen in der Tabelle).

Die Ausnahme bildet D_r des Lastfalles 5, dieser Pfeil zeigt vom Knoten weg, D_r ist ein Zugstab (Pluszeichen in der Tabelle).

Für die Bemessung der Diagonalen sind die jeweils größten Zug- und Druckkräfte maßgebend, D_r muß zug- und druckfest angeschlossen sein.

Die zeichnerische Lösung ist auch ohne R möglich.

C 1

Rechnerische Bestimmung von R für den Lastfall 3

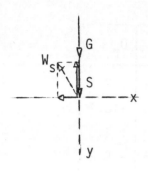

Alle Kräfte werden in ihre Komponenten in x- und y-Richtung zerlegt (Skizze)

$R_x = \sum X = W_{sx} = 8,32 \cdot \sin 25° = 3,52$ kN ←

$R_y = \sum Y = G + S - W_{sy} = 9 + 12 - 7,54 = 13,46$ kN ↓

$R = \sqrt{R_x^2 + R_y^2} = 13,91$ kN

Die Richtung von R kann man mit der Tangensfunktion bestimmen.

Rechnerische Bestimmung von R für den Lastfall 4

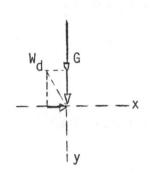

$R_x = \sum X = W_{dx} = 4,16 \cdot \sin 25° = 1,76$ kN →

$R_y = \sum Y = G + W_{dy} = 9 + 4,16 \cdot \cos 25° = 12,77$ kN ↓

$R = \sqrt{R_x^2 + R_y^2} = 12,89$ kN

Für die anderen Lastfälle ist R analog zu bestimmen.
Ergebnisse siehe Tabelle.

Rechnerische Bestimmung von D_l und D_r für den Lastfall 2

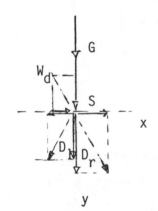

Die Richtung der unbekannten Kräfte wird vom Knoten weg gerichtet positiv angenommen (Zug). Ergibt die Rechnung ein Minus-Zeichen, handelt es sich um Druck.
Auch die unbekannten Kräfte müssen in ihre Komponenten zerlegt werden.

$R_x = \sum X = W_d \cdot \sin 25° - D_l \cdot \sin 30° + D_r \cdot \sin 30° = 0$

$\quad\quad 1,758 - 0,5 \, (D_l - D_r) = 0$

$\quad$ I : $\underline{D_l - D_r = 3,52}$

$R_y = \sum Y = - G - S - W_{dy} \cdot \cos 25° - \cos 30° \cdot (D_l - D_r) = 0$

$\quad$ II : $\underline{D_l + D_r = - 28,6}$

$\quad\quad 2 D_l = - 25,08 \quad\quad D_l = - 12,54$ kN

$\quad\quad 2 D_r = - 32,12 \quad\quad D_r = - 16,06$ kN

Rechnerische Bestimmung von D_l und D_r für Lastfall 5

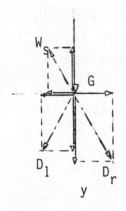

$\sum X = \sin 30° \cdot (D_r - D_l) - 8,32 \cdot \sin 25° = 0$

$\quad$ I : $\underline{D_r - D_l = 7,03}$

$\sum Y = -9 + 8,32 \cdot \cos 25° - \cos 30° \cdot (D_r + D_l) = 0$

$\quad$ II : $\underline{D_r + D_l = - 1,68}$

$\quad\quad 2 D_l = - 8,71 \quad\quad D_l = - 4,36$ kN

$\quad\quad 2 D_r = + 5,35 \quad\quad D_r = + 2,68$ kN

Detail des Knotens K
M 1 : 10

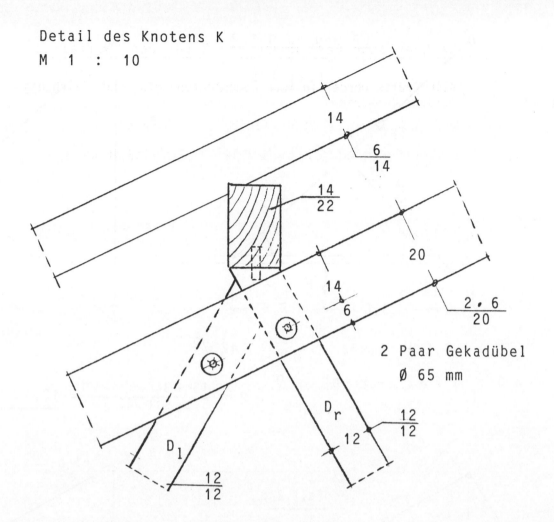

2 Paar Gekadübel
Ø 65 mm

Für die Ermittlung der Stabkräfte genügt es, mit Strich-Skizzen (Stabachsen) zu arbeiten.

Bei der Bemessung müssen die Abmessungen (Querschnitte) der Stäbe festgelegt werden.

Nach A 30 : Bei einer Knicklänge von 4,5 m ist ein Stab 12/12 cm aus NH II erforderlich, er trägt 24,1 kN , also mehr als D_{max} (16,1)

Um die konstruktive Ausbildung des Knotens für die Fertigung festzulegen, müssen - um die Stabachsen herum - die Materialstärken und die Verbindungsmittel dargestellt werden.

Dabei obliegt es dem Tragwerksplaner, eine möglichst kostengünstige konstruktive Lösung zu finden.

2 Gekadübel Ø 65 mm nehmen auf : 2 · 10 = 20 kN > 16,1 kN ($90°$)

vergl. Schneider: Bautabellen

Lösung zu B 1.2

Fall 1:

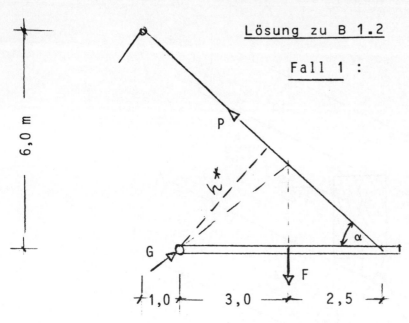
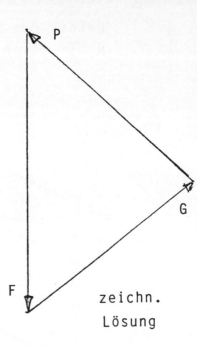

zeichn. Lösung

$\tan \alpha = 6{,}0 : 6{,}5 = 0{,}923 \rightarrow \alpha = 42{,}7°$

$\sum M_G = 0: \quad F \cdot 3 - P \cdot h^* = 0$

$P = \dfrac{15 \cdot 3}{5{,}5 \cdot \sin 42{,}7} = \underline{12{,}1 \ \text{kN}}$

Fall 2:

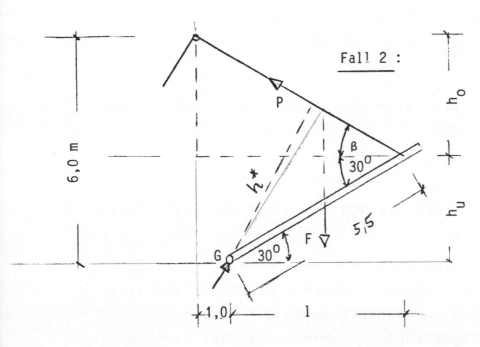
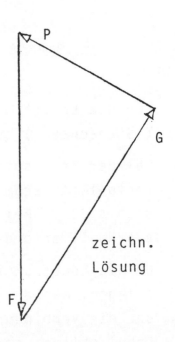

zeichn. Lösung

$\cos 30° = l : 5{,}5 ; \quad l = 5{,}5 \cdot 0{,}866 = 4{,}76 \ \text{m}$

$\sin 30° = h_u : 5{,}5 ; \quad h_u = 5{,}5 \cdot 0{,}5 = 2{,}75 \ \text{m}$

$\qquad\qquad\qquad h_o = 6{,}0 - 2{,}75 = 3{,}25 \ \text{m}$

$\tan \beta = 3{,}25 : 5{,}76 = 0{,}564 \qquad \beta = 29{,}42°$

$\sum M_G = 0, \quad F \cdot 3 \cdot \cos 30° - P \cdot h^* = 0 \quad P = \dfrac{15 \cdot 3 \cdot 0{,}866}{5{,}5 \cdot \sin 59{,}4} = \underline{8{,}23 \ \text{kN}}$

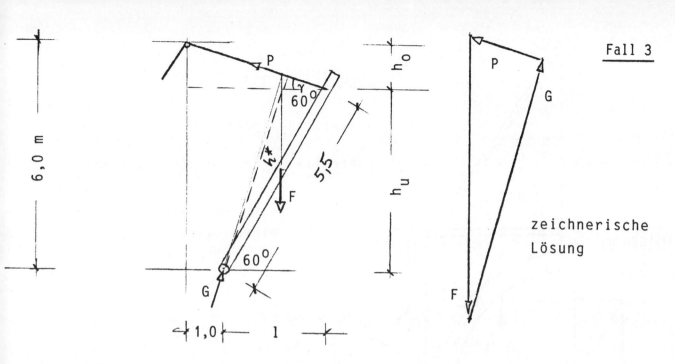

Fall 3

zeichnerische Lösung

$\cos 60° = 1 : 5{,}5 \;; \quad l = 5{,}5 \cdot 0{,}5 = 2{,}75 \text{ m}$

$\sin 60° = h_u : 5{,}5 \;; \quad h_u = 5{,}5 \cdot 0{,}866 = 4{,}76 \text{ m}$

$\qquad\qquad\qquad\qquad h_o = 6{,}0 - 4{,}76 = 1{,}24 \text{ m}$

$\tan \gamma = 1{,}24 : 3{,}75 = 0{,}33 \;; \qquad \gamma = 18{,}3°$

$\sum M_G = 0, \quad F \cdot 3 \cdot \cos 60° - P \cdot h^* = 0 \qquad P = \dfrac{15 \cdot 3 \cdot 0{,}5}{5{,}5 \cdot \sin 78{,}3°}$

$\qquad\qquad\qquad\qquad\qquad\qquad\qquad\qquad P = 4{,}18 \text{ kN}$

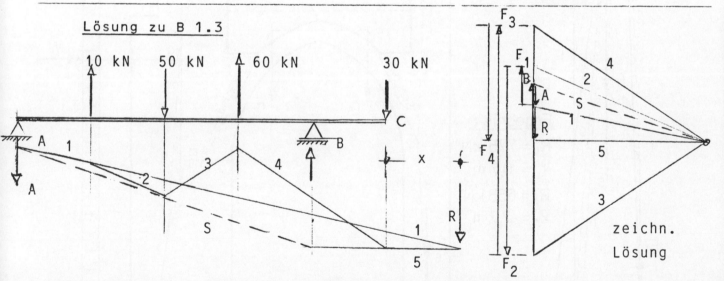

Lösung zu B 1.3

zeichn. Lösung

$R = 10 - 50 + 60 - 30 = \underline{10 \text{ kN}} \downarrow$

$M_C = 10 \cdot 8 - 50 \cdot 6 + 60 \cdot 4 = R \cdot x \rightarrow x = 2{,}0 \text{ m}$

$\sum M_B = 0 \;; \quad A \cdot 8 + R \cdot 4 = 0 \qquad A = \underline{-5{,}0 \text{ kN}} \downarrow$

$\sum M_A = 0 \;; \quad -B \cdot 8 + R \cdot 12 = 0 \qquad B = \underline{15{,}0 \text{ kN}} \uparrow$

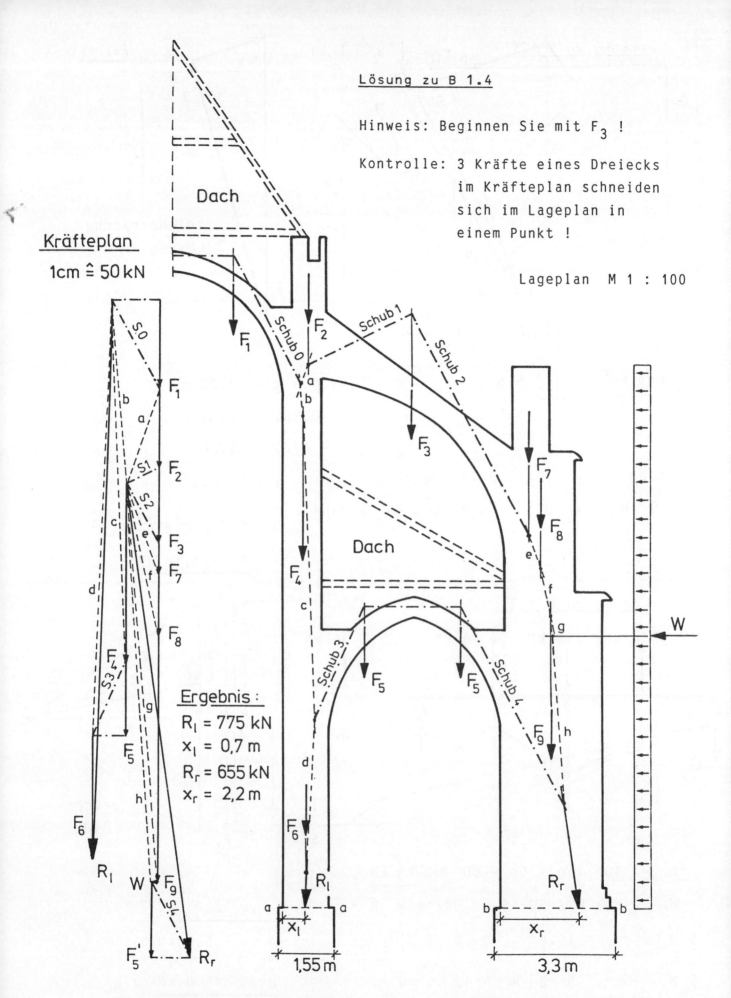

Lösung zu B 1.5

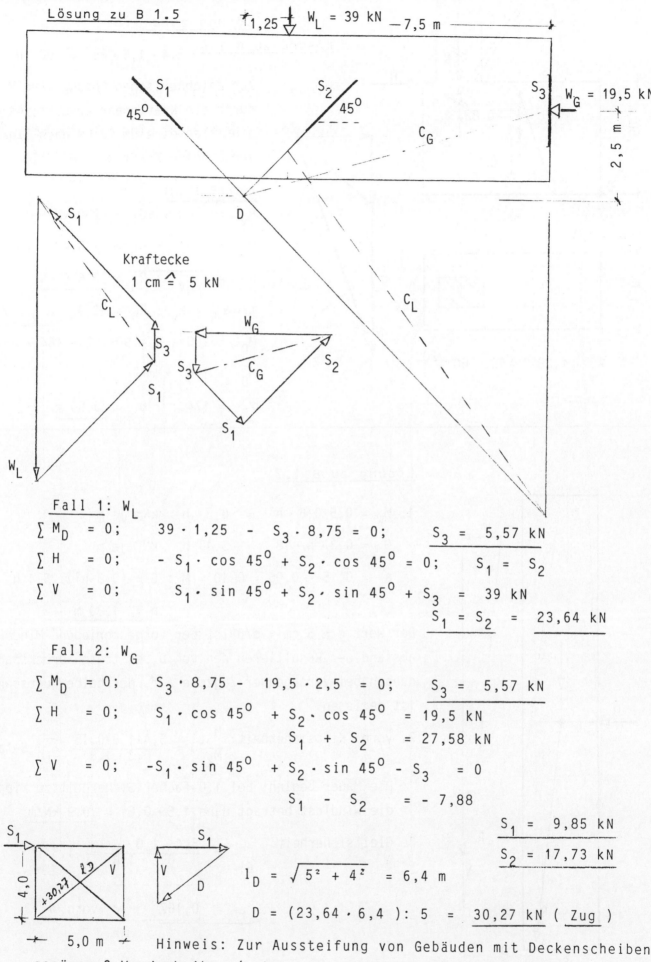

Kraftecke 1 cm $\hat{=}$ 5 kN

Fall 1: W_L

$\sum M_D = 0;\quad 39 \cdot 1{,}25 - S_3 \cdot 8{,}75 = 0;\quad \underline{S_3 = 5{,}57\ \text{kN}}$

$\sum H = 0;\quad -S_1 \cdot \cos 45° + S_2 \cdot \cos 45° = 0;\quad S_1 = S_2$

$\sum V = 0;\quad S_1 \cdot \sin 45° + S_2 \cdot \sin 45° + S_3 = 39\ \text{kN}$

$$\underline{S_1 = S_2 = 23{,}64\ \text{kN}}$$

Fall 2: W_G

$\sum M_D = 0;\quad S_3 \cdot 8{,}75 - 19{,}5 \cdot 2{,}5 = 0;\quad \underline{S_3 = 5{,}57\ \text{kN}}$

$\sum H = 0;\quad S_1 \cdot \cos 45° + S_2 \cdot \cos 45° = 19{,}5\ \text{kN}$

$$S_1 + S_2 = 27{,}58\ \text{kN}$$

$\sum V = 0;\quad -S_1 \cdot \sin 45° + S_2 \cdot \sin 45° - S_3 = 0$

$$S_1 - S_2 = -7{,}88$$

$$\underline{S_1 = 9{,}85\ \text{kN}}$$
$$\underline{S_2 = 17{,}73\ \text{kN}}$$

$l_D = \sqrt{5^2 + 4^2} = 6{,}4\ \text{m}$

$D = (23{,}64 \cdot 6{,}4) : 5 = \underline{30{,}27\ \text{kN}\ (\text{Zug})}$

Hinweis: Zur Aussteifung von Gebäuden mit Deckenscheiben genügen 3 Wandscheiben (ohne gemeinsamen Schnittpunkt).

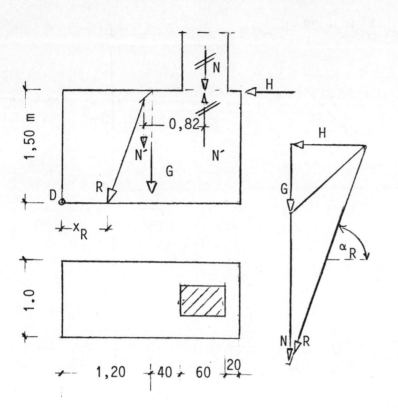

Lösung zu B 1.6

$G = 1,0 \cdot 2,4 \cdot 1,5 \cdot 25 = 90$ kN

Zur zeichnerischen Lösung wird M durch ein Kräftepaar ersetzt, es ergibt sich eine um 82 cm nach links verschobene Kraft $N' = N = 164 : 0,82$.

rechnerisch:

$R_v = 200 + 90 = 290$ kN

$R_h = = 100$ kN

$R = \sqrt{R_v^2 + R_h^2} = 306,8$ kN

$\tan \alpha_R = R_v : R_h = 2,9$; $\alpha_R = 71°$

$M_D = 200 \cdot 1,9 + 90 \cdot 1,2 - 164 - 100 \cdot 1,5$

$M_D = 174$ kNm

$x_R = 174 : 290 = 0,60$ m

Lösung zu B 1.7

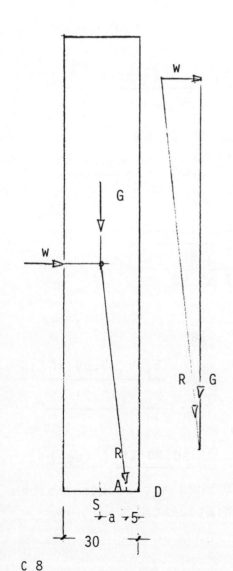

1. $M_W = 0,5 \cdot 0,6 \cdot h^2 = 0,3 \cdot h^2$ kNm je m

   $G = 0,3 \cdot h \cdot 18 = 5,4 \cdot h$ kN je m

   $a = 0,15 - 0,05 = 0,10 = M : G = (0,3 \cdot h^2) : 5,4 h$

   $h = 1,80$ m

Der Wert $c = 5$ cm $= d/6$ ist der vorgeschriebene Mindestabstand der Resultierenden von D, es treten Druckspannungen bei versagender Zugzone auf, der halbe Querschnitt ist gerissen.

2. vorh. Kippsicherheit $\dfrac{M_{St}}{M_K} = \dfrac{5,4 \cdot 1,8 \cdot 0,15}{0,3 \cdot 1,8^2} = 1,5$-fach

Die Mauer beginnt bei 1,0-facher Sicherheit zu kippen, die Windlast beträgt dann $1,5 \cdot 0,6 = \underline{0,9 \text{ kN/m}^2}$

3. Gleitsicherheit: $\nu_{Gl} = \dfrac{5,4 \cdot 1,8 \cdot \mu}{0,6 \cdot 1,8} = 1,5$

   $\mu = 0,167$ < vorh. μ

Lösung zu B 1.8

A_1	$6 \cdot 6 = 36$ cm²	$\cdot 3 = 108$	$\cdot (6 + 3) = 324$
A_2	$0,5 \cdot 6 \cdot 12 = 36$ "	$\cdot (6 + 2) = 288$	$\cdot 4 = 144$
A_3	$(6^2 - 8\pi) : 4 = 28,27$ "	$\cdot (6 - 8/\pi) = 97,65$	$\cdot (6 - 8/\pi) = 97,65$
A_4	$- 2^2 \pi = -12,56$ "	$\cdot (1 + 2) = -37,70$	$\cdot 8 = -100,53$
	$A_{gesamt} = 87,708$	$A \cdot x = 455,95$	$A \cdot y = 465,12$

$x_s = 455,95 : 87,708 = \underline{5,2 \text{ cm}}$; $y_s = 465,12 : 87,708 = \underline{5,3 \text{ cm}}$

Lösung zu B 1.9

U 350	77,3 cm²	$\cdot (10 - 2,4) = 587,48$	$\cdot 17,5 = 1352,75$
U 300	58,8 "	$\cdot (10 + 15) = 1470,0$	$\cdot (10 - 2,7) = 429,24$
L 100 10	19,2 "	$\cdot (10 + 2,82) = 246,14$	$\cdot (10 + 2,82) = 246,14$
$A_{ges} = 155,3$ cm²		$A \cdot x = 2303,62$	$A \cdot y = 2028,13$

$x_s = 2303,62 : 155,3 = \underline{14,83 \text{ cm}}$; $y_s = 2028,13 : 155,3 = \underline{13,06 \text{ cm}}$

Lösung zu B 1.10

$(50 - h) \cdot A_{ges} = 5 \cdot 4,91 \cdot (1,5 + 0,8 + 1,25) + 2 \cdot 3,8 \cdot (1,5 + 0,8 + 5 + 1,1)$

$(50 - h) \cdot 32,15 = 150,99$

$50 - h = 4,7$ cm ; $\underline{h = 45,3 \text{ cm}}$

gerechnet wird mit $h = 45$ cm

Lösung zu B 2.1

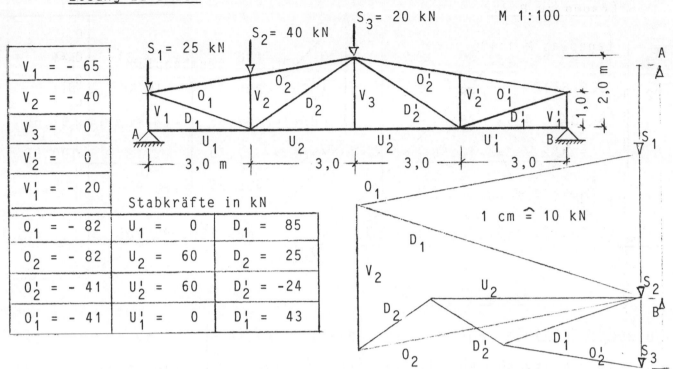

M 1:100

1 cm ≙ 10 kN

$V_1 = -65$		
$V_2 = -40$		
$V_3 = 0$		
$V_2' = 0$		
$V_1' = -20$		

Stabkräfte in kN

$O_1 = -82$	$U_1 = 0$	$D_1 = 85$
$O_2 = -82$	$U_2 = 60$	$D_2 = 25$
$O_2' = -41$	$U_2' = 60$	$D_2' = -24$
$O_1' = -41$	$U_1' = 0$	$D_1' = 43$

Auflagerkräfte: $\sum M_B = 0;\quad A \cdot 12 - 25 \cdot 12 - 40 \cdot 9 - 20 \cdot 6 = 0$

$$\underline{A = 65 \text{ kN}}$$

$\sum V = 0;\quad B = 85 - 65;\quad \underline{B = 20 \text{ kN}}$

Stabkräfte nach Ritter:

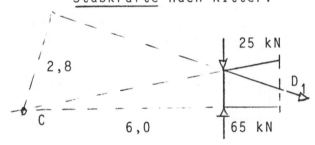

$\sum M_C = 0$

$D_1 \cdot 2,8 - 40 \cdot 6 = 0$

$\underline{D_1 = 85,7 \text{ kN}}$

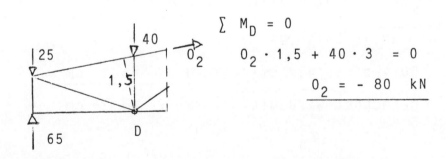

$\sum M_D = 0$

$O_2 \cdot 1,5 + 40 \cdot 3 = 0$

$\underline{O_2 = -80 \text{ kN}}$

$\sum M_E = 0$

$U_2' \cdot 2 - 20 \cdot 6 = 0$

$\underline{U_2' = 60 \text{ kN}}$

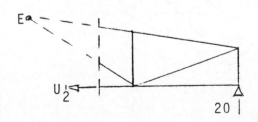

Lösung zu B 2.2

Lageplan M 1:100

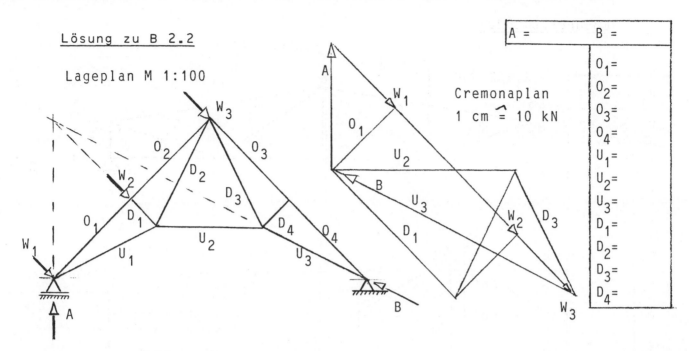

Cremonaplan
1 cm ≙ 10 kN

A =	B =
	$O_1 =$
	$O_2 =$
	$O_3 =$
	$O_4 =$
	$U_1 =$
	$U_2 =$
	$U_3 =$
	$D_1 =$
	$D_2 =$
	$D_3 =$
	$D_4 =$

Auflagerkräfte

$\sum M_B = 0$; $\quad A \cdot 9 - 25 \cdot 4{,}5 \cdot \sqrt{2} - 50 \cdot 2{,}25 \cdot \sqrt{2} = 0$

$\underline{A = 35{,}36 \ kN}$

$\sum M_A = 0$; $\quad -B_v \cdot 9 + 50 \cdot 2{,}25 \cdot \sqrt{2} + 25 \cdot 4{,}5 \cdot \sqrt{2} = 0$

$\underline{B_v = 35{,}36 \ kN}$

$\sum H = 0$; $\quad (25 + 50 + 25) \cdot \cos 45° - B_h = 0$

$\underline{B_h = 70{,}71 \ kN}$

$\sum V = 0$; $\quad -(25 + 50 + 25) \cdot \sin 45° + A + B_v = 0$

$\underline{B = \sqrt{B_h^2 + B_v^2} = 79 \ kN}$

Stabkräfte

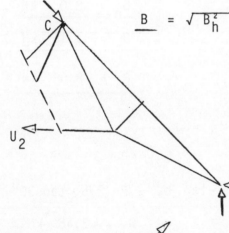

$\sum M_C = 0$

$U_2 \cdot 3 + 70{,}71 \cdot 4{,}5 - 35{,}26 \cdot 4{,}5 = 0$

$\underline{U_2 = -53 \ kN}$

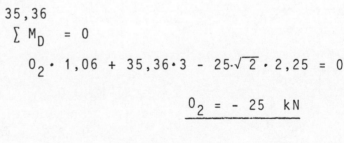

$\sum M_D = 0$

$O_2 \cdot 1{,}06 + 35{,}36 \cdot 3 - 25 \cdot \sqrt{2} \cdot 2{,}25 = 0$

$\underline{O_2 = -25 \ kN}$

Lösung zu B 2.3

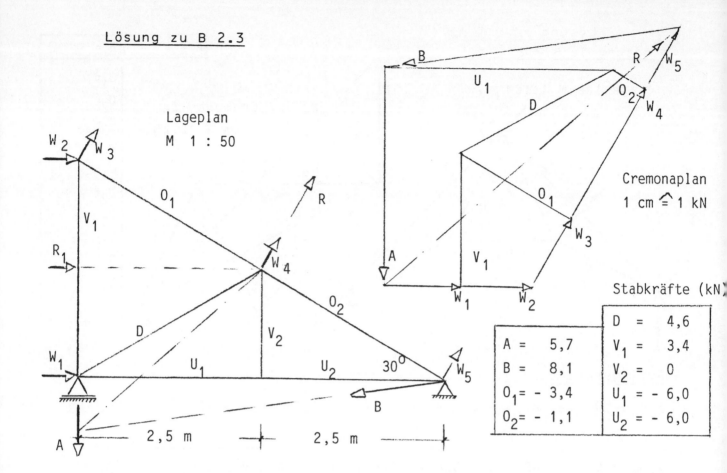

Lageplan M 1 : 50

Cremonaplan 1 cm $\widehat{=}$ 1 kN

Stabkräfte (kN)

A = 5,7	D = 4,6
B = 8,1	V_1 = 3,4
O_1 = -3,4	V_2 = 0
O_2 = -1,1	U_1 = -6,0
	U_2 = -6,0

Auflagerkräfte

$\sum M_B = 0$, $\quad -A \cdot 5 + 2 \cdot 5 \cdot \tan 30° + (4 \cdot 2,5) : \cos 30° + (2 \cdot 5) : \cos 30° = 0$

$\underline{A = -5,77 \text{ kN} \downarrow}$

$\sum H = 0$; $\quad 2 + 2 + 8 \cdot \sin 30° - B_h = 0$; $\quad \underline{B_h = 8,0 \text{ kN} \leftarrow}$

$\sum V = 0$; $\quad -5,77 + 8 \cdot \cos 30° - B_v = 0$; $\quad \underline{B_v = -1,16 \text{ kN} \downarrow}$

$B = \sqrt{B_v^2 + B_h^2}$

$\underline{B = 8,08 \text{ kN}}$

Stabkräfte

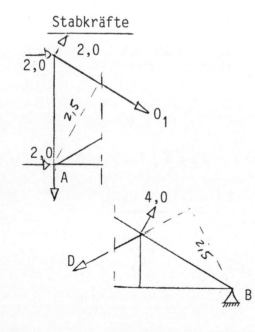

$\sum M_A = 0$

$O_1 \cdot 2,5 + 2 \cdot 5 \cdot \tan 30° + 2 \cdot 2,5 \cdot \tan 30° = 0$

$\underline{O_1 = -3,46 \text{ kN}}$

$\sum M_B = 0$

$-D \cdot 2,5 + (4 \cdot 2,5) : \cos 30° = 0$

$\underline{D = 4,62 \text{ kN}}$

Lösung zu B 2.4

Lageplan M 1 : 100

Stabkräfte in kN

A	=	10,2
B	=	8,7
O_1	=	+ 1,1
O_2	=	+ 8,4
U_1	=	− 7,9
U_2	=	− 9,1
V_1	=	− 1,7
V_2	=	+ 1,2
D	=	− 1,4

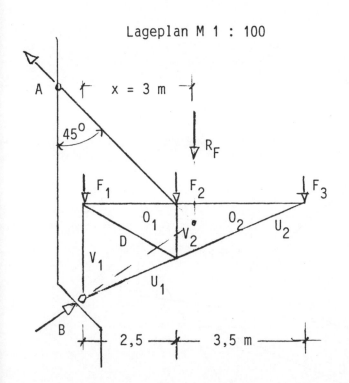

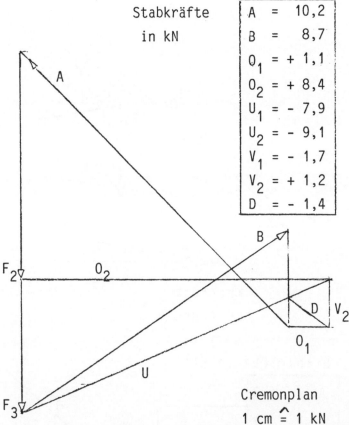

Cremonplan
1 cm ≙ 1 kN

Resultierende R_F

$R_F \cdot x = 6 \cdot 2,5 + 3,5 \cdot 6 = 36$
$\underline{x = 3,0 \text{ m}}$

Auflagerkräfte

$\sum M_B = 0;$ $-A \cdot 2,5 \cdot \sqrt{2} + 6 \cdot 2,5 + 3,5 \cdot 6 = 0$ A = 10,18 kN

$A_h = A \cdot \sin 45°$ A_h = 7,20 kN ←

$A_v = A \cdot \cos 45°$ A_v = 7,20 kN ↑

$\sum H = 0;$ $B_h = -A_h$ B_h = 7,20 kN →

$\sum V = 0;$ $B_v + 7,2 - 12 = 0$ B_v = 4,80 kN ↑

$B = \sqrt{B_h^2 + B_v^2}$ B = 8,65 kN

Stabkräfte

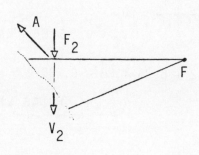

$\sum M_F = 0$

$-V_2 \cdot 3,5 + (7,2 - 6,0) \cdot 3,5 = 0$

$V_2 = 1,20 \text{ kN}$

Lösung zu B 2.5

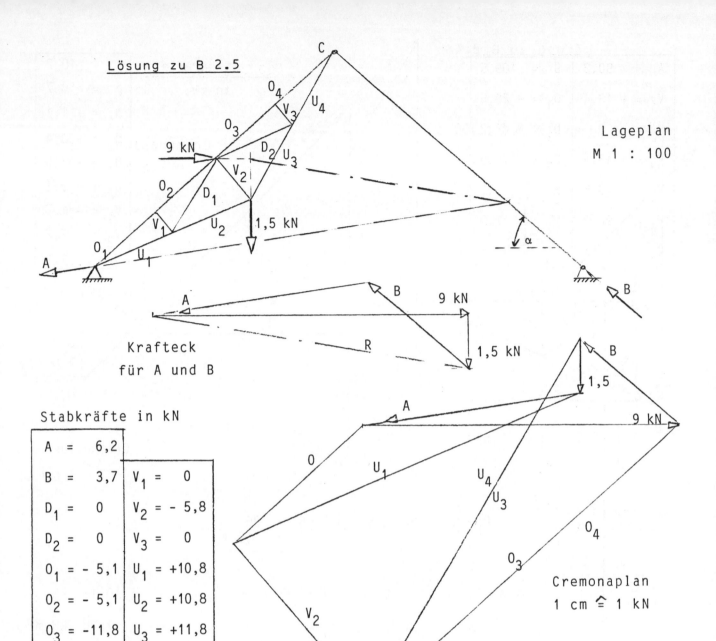

Lageplan
M 1 : 100

Krafteck für A und B

Stabkräfte in kN

A =	6,2		
B =	3,7	V_1 =	0
D_1 =	0	V_2 =	− 5,8
D_2 =	0	V_3 =	0
O_1 =	− 5,1	U_1 =	+10,8
O_2 =	− 5,1	U_2 =	+10,8
O_3 =	−11,8	U_3 =	+11,8
O_4 =	−11,8	U_4 =	+11,8

Cremonaplan
1 cm $\hat{=}$ 1 kN

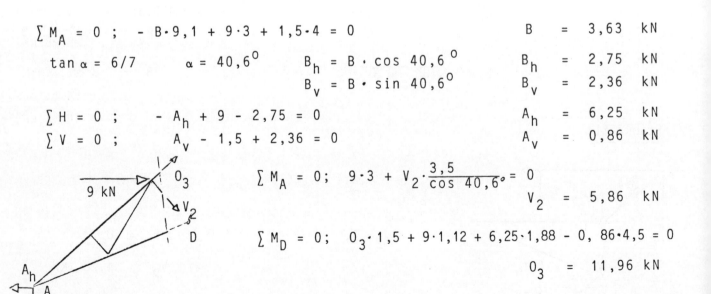

$\sum M_A = 0$; $-B \cdot 9,1 + 9 \cdot 3 + 1,5 \cdot 4 = 0$ B = 3,63 kN

$\tan \alpha = 6/7$ $\alpha = 40,6°$ $B_h = B \cdot \cos 40,6°$ B_h = 2,75 kN
$B_v = B \cdot \sin 40,6°$ B_v = 2,36 kN

$\sum H = 0$; $-A_h + 9 - 2,75 = 0$ A_h = 6,25 kN
$\sum V = 0$; $A_v - 1,5 + 2,36 = 0$ A_v = 0,86 kN

$\sum M_A = 0$; $9 \cdot 3 + V_2 \cdot \dfrac{3,5}{\cos 40,6°} = 0$

V_2 = 5,86 kN

$\sum M_D = 0$; $O_3 \cdot 1,5 + 9 \cdot 1,12 + 6,25 \cdot 1,88 - 0,86 \cdot 4,5 = 0$

O_3 = 11,96 kN

Lösung zu B 2.6

A = 90,3	B = 105,5
V_1 = + 13,4	D_1 = − 20,6
V_2 = 0	D_2 = + 46,2
V_3 = + 13,4	D_3 = − 71,9
V_4 = − 43,5	H_1 = + 6,0
V_5 = + 90,3	H_2 = − 12,0
V_6 = − 43,5	H_3 = + 7,5

Cremonaplan
1 cm $\hat{=}$ 5 kN

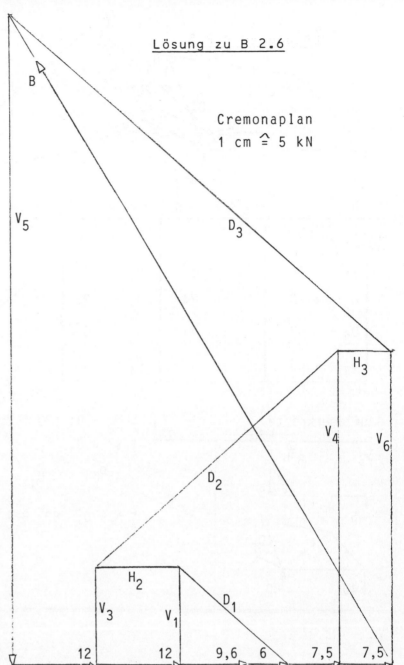

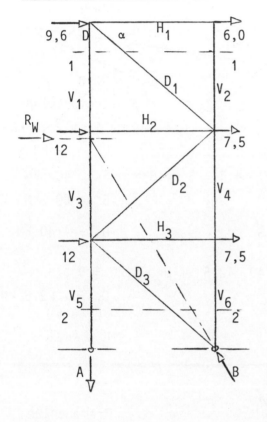

Resultierende: $R_w \cdot y_D$ = (12 + 12)·4,5 +(7,5 + 7,5)·4,5 = 175,5; y_D = 3,21 m

Auflagerkräfte: $\sum M_B$ = 0; −A·3,5 + 19,5·3 + 19,5·6 + 15,6·9 = 0; A = 90,26 kN

$\sum V$ = 0; B_y − A = 0 $\qquad B_y$ = 90,26 kN

$\sum H$ = 0; 54,6 − B_x = 0 $\qquad B_x$ = 54,60 kN

$B = \sqrt{B_x^2 + B_y^2}$ $\qquad$ B = 105,5 kN

Stabkräfte:

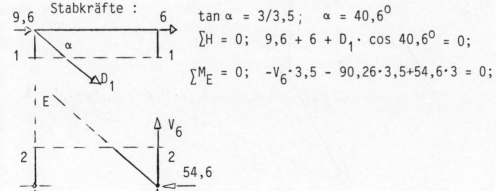

$\tan \alpha$ = 3/3,5; α = 40,6°

$\sum H$ = 0; 9,6 + 6 + $D_1 \cdot \cos 40,6°$ = 0; $\qquad D_1$ = − 20,55 kN

$\sum M_E$ = 0; −V_6·3,5 − 90,26·3,5 + 54,6·3 = 0; $\qquad V_6$ = − 43,46 kN

Lösung zu B 2.7

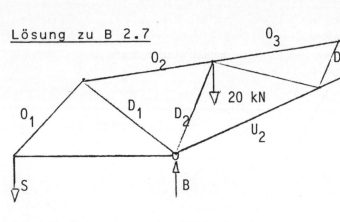

Kräfte in kN		
	$S = 40$	$B = 80$
$O_1 = +57$	$U_1 = -40$	$D_1 = -47$
$O_2 = +78$	$U_2 = -74$	$D_2 = -23$
$O_3 = +69$	$U_3 = -74$	$D_3 = 0$
$O_4 = +69$		$D_4 = 0$

Cremonaplan 1 cm $\widehat{=}$ 10 kN

Auflagerkräfte

$\sum M_B = 0;\ (20 + 20) \cdot 4,5 = S \cdot 4,5 \qquad S = 40\ \text{kN}$

$\sum V = 0; \qquad\qquad\qquad\qquad\qquad\qquad B = 80\ \text{kN}$

$45°: \qquad U_1 = S \qquad\qquad\qquad\qquad U_1 = -40\ \text{kN}$

$\sum M_C = 0;\ 80 \cdot 8 - 40 \cdot 12,5 + D_2 \cdot 6,2 = 0$

$\qquad\qquad\qquad\qquad\qquad\qquad D_2 = -22,6\ \text{kN}$

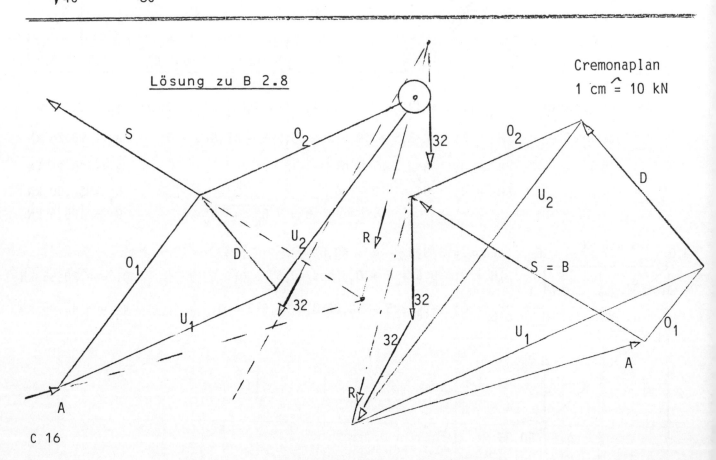

Lösung zu B 2.8

Cremonaplan 1 cm $\widehat{=}$ 10 kN

Lösung zu B 3.1

Lastfall g: $\quad A = \dfrac{12 \cdot 8 \cdot 4}{6} = 64$ kN $\qquad M_A = -0,5 \cdot 12 \cdot 2^2 = -24$ kNm

$\qquad\qquad\quad B = \dfrac{12 \cdot 8 \cdot 2}{6} = 32$ kN $\qquad M_1 = 32^2 : 2 \cdot 12 = 42,7$ kNm

Lastfall F: $\quad A = \dfrac{100 \cdot 2,5 + 50 \cdot 7}{6} = 100$ kN $\qquad M_A = -50 \cdot 1,0 = -50$ kNm

$\qquad\qquad\quad B = \dfrac{100 \cdot 3,5 - 50 \cdot 1}{6} = 50$ kN $\qquad M_1 = 50 \cdot 2,0 = 100$ kNm

Fall gesamt: $M_A = -24 - 50 = -74$ kNm $\qquad\qquad \max M_1 = 70 \cdot 2 + 8^2 : 24 = 142,7$ kNm

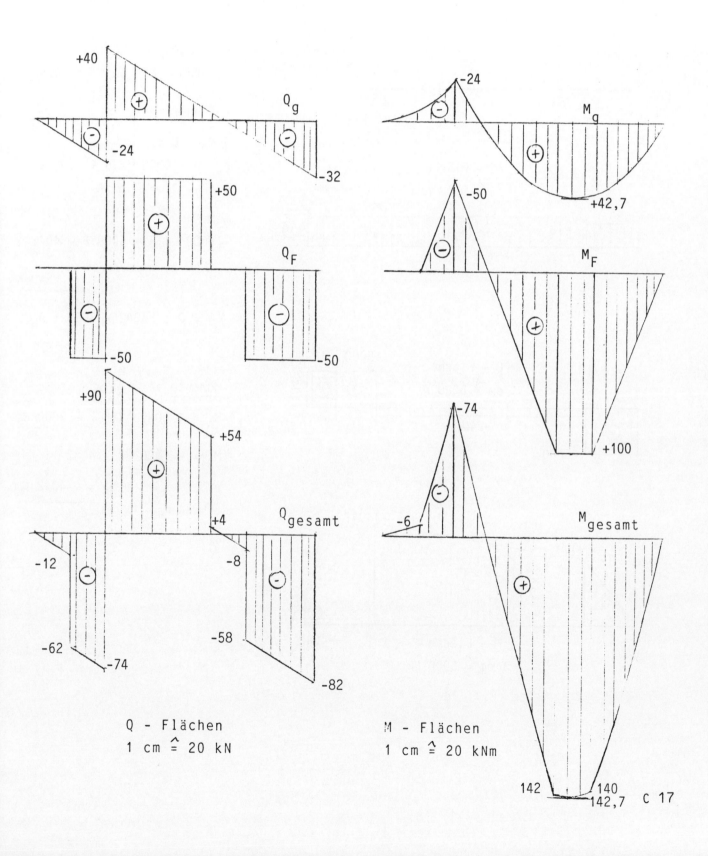

Q - Flächen   1 cm $\widehat{=}$ 20 kN

M - Flächen   1 cm $\widehat{=}$ 20 kNm

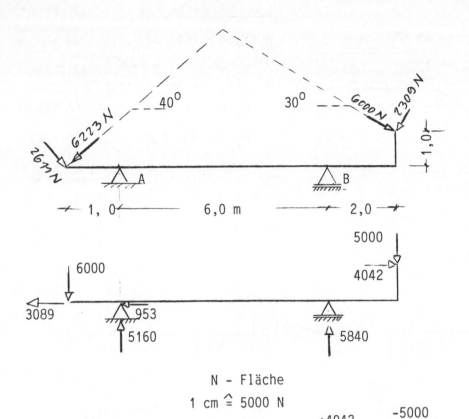

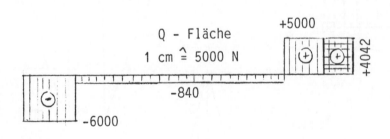

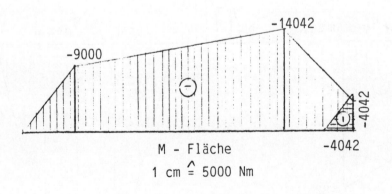

Lösung zu B 3.2

Kragarm bei A:

$V = 6223 \cdot \sin 40° +$
$\quad 2611 \cdot \sin 50° \quad = \quad 6000$ N

$H = 6223 \cdot \cos 40° -$
$\quad 2611 \cdot \cos 50° \quad = \quad 3089$ N

Kragarm bei B:

$V = 6000 \cdot \sin 30° +$
$\quad 2309 \cdot \sin 60° \quad = \quad 5000$ N

$H = 6000 \cdot \cos 30° -$
$\quad 2309 \cdot \cos 60° \quad = \quad 4042$ N

Auflagerkräfte:

$\sum M_B = 0;$
$A_v \cdot 6 - 6000 \cdot 7,5 + 5000 \cdot 2 +$
$+ 4042 \cdot 1 = 0; \quad \underline{A_v = 5160 \text{ N}}$

$\sum M_A = 0;$
$- 6000 \cdot 1,5 + 5000 \cdot 8 + 4042 \cdot 1$
$\qquad\qquad - B \, 6 = 0$
$\qquad\qquad \underline{B = 5840 \text{ N}}$

$\sum H = 0; \quad 4042 - 3089 = A_h$
$\qquad\qquad \underline{A_h = 953 \text{ N}}$

Momente:

$M_A = - 6000 \cdot 1,5 = \underline{- 9000 \text{ Nm}}$

$M_B = - 5000 \cdot 2 - 4042 \cdot 1$

$\qquad \underline{M_B = -14042 \text{ Nm}}$

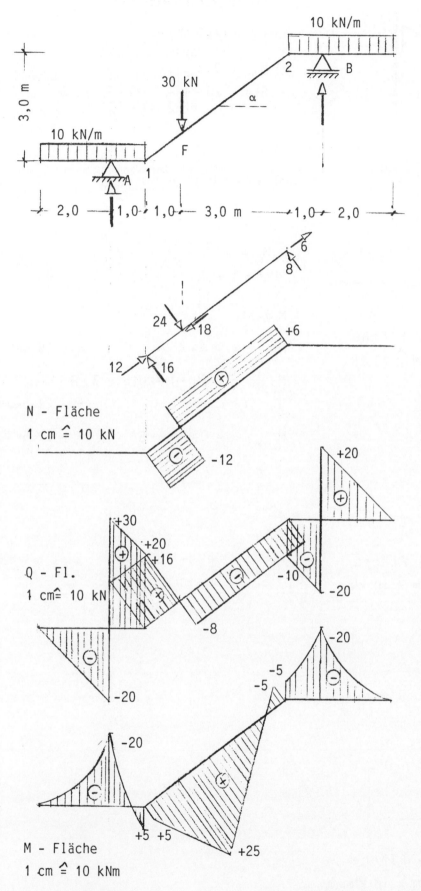

Lösung zu B 3.3

Auflagerkräfte:

$\sum M_B = 0$;
$A = 10 \cdot 3 + 30 \cdot 4 \;:\; 6$

$\underline{A = 50 \text{ kN}}$

$\sum M_B = 0$;
$B = 10 \cdot 3 + 30 \cdot 2 \;:\; 6$

$\underline{B = 40 \text{ kN}}$

$\sum V = 0; \quad 2 \cdot 10 \cdot 3 + 30 = 90 \text{ kN}$

$\tan\alpha = 3/4 \qquad \alpha = 36{,}87°$

$\sin\alpha = 0{,}6 \qquad \cos\alpha = 0{,}8$

$30 \cdot 0{,}8 = 24 \text{ kN}$
$30 \cdot 0{,}6 = 18 \text{ kN}$

Momente:

$M_A = -0{,}5 \cdot 10 \cdot 2^2 \qquad = -20 \text{ kNm}$

$M_1 = 50 \cdot 1 - 10 \cdot 3 \cdot 1{,}5 \quad = +5 \text{ kNm}$

$M_F = 50 \cdot 2 - 10 \cdot 3 \cdot 2{,}5 \quad = +25 \text{ kNm}$

$M_2 = 40 \cdot 1 - 10 \cdot 3 \cdot 1{,}5 \quad = -5 \text{ kNm}$

$M_B = -0{,}5 \cdot 10 \cdot 2^2 \qquad = -20 \text{ kNm}$

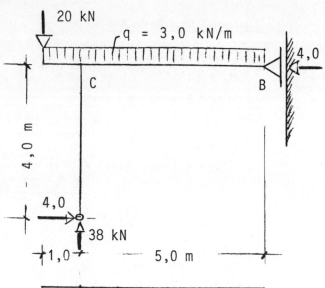

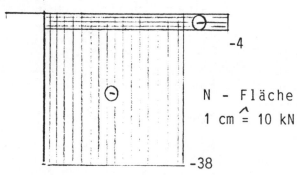

N - Fläche
1 cm ≙ 10 kN

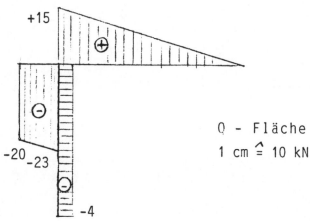

Q - Fläche
1 cm ≙ 10 kN

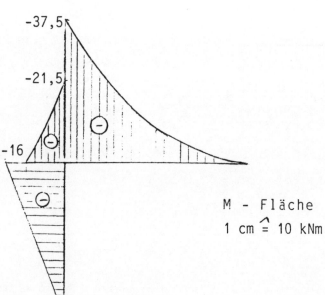

M - Fläche
1 cm ≙ 10 kNm

Lösung zu B 3.4

Auflagerkräfte :

$\sum M_A = 0$;
$- B \cdot 4 - 20 \cdot 1 + 3 \cdot 6 \cdot 2 = 0$
$\qquad B = 4{,}0 \text{ kN}$

$\sum H = 0$; $\qquad A_h = 4{,}0 \text{ kN}$

$\sum V = 0$;
$A_v - 20 - 3 \cdot 6 = 0$
$\qquad A_v = 38 \text{ kN}$

$\sum M_C = 0$;
$- 4 \cdot 4 - 20 \cdot 1 + 3 \cdot 6 \cdot 2 = 0$

Momente :

$M_{C,u} = - 4 \cdot 4 = \qquad = - 16 \text{ kNm}$

$M_{C,l} = - 20 \cdot 1 - 0{,}5 \cdot 3 \cdot 1^2$
$\qquad = - 21{,}5 \text{ kNm}$

$M_{C,r} = - 0{,}5 \cdot 3 \cdot 5^2 \qquad = - 37{,}5 \text{ kNm}$

Lösung zu B 3.5

$\sum M_B = 0;\quad A_v \cdot 8 - 2 \cdot 4 + 2 \cdot 2{,}82 \cdot 1{,}41 = 0;\qquad A_v = 0$

$\sum M_A = 0;\quad 2 \cdot 4 - 4 \cdot 7 + 4 \cdot 1 + B \cdot 8 = 0;\qquad B = 2{,}0\ \text{kN}$

$\sum H = 0;\quad 2 \cdot 2{,}82 \cdot \cos 45° - A_h = 0;\qquad A_h = 4{,}0\ \text{kN}$

$\sum V = 0;\quad 2 - 2 \cdot 2{,}82 \cdot \sin 45° + 2 = 0;$

$M_1 = 4 \cdot 2 = 8{,}0\ \text{kNm};\qquad M_2 = 0;$

$M_3 = 4 \cdot 2 - 2 \cdot 2 = 4{,}0\ \text{kNm};\qquad M_4 = 0{,}5 \cdot 2 \cdot 1{,}41^2 - 2 \cdot 1 = 0$

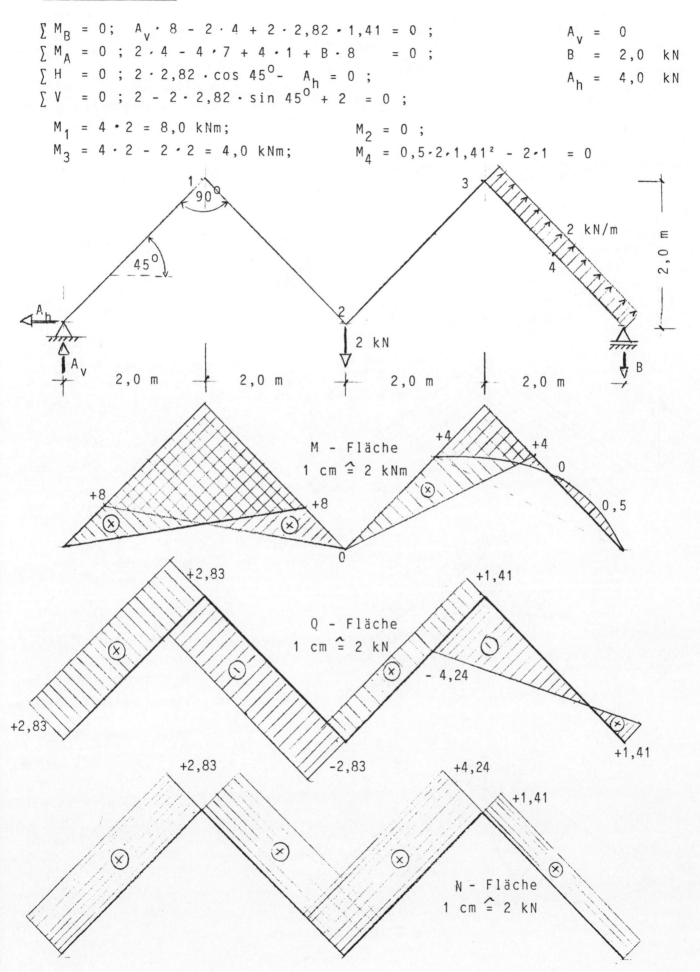

Lösung zu B 3.6

$W_{gesamt} = 500 \cdot 5 : \cos 35° = 3050$ N
$W_v = 500 \cdot 5 = 2500$ N
$W_v = 500 \cdot 5 \cdot \tan\alpha = 1750$ N

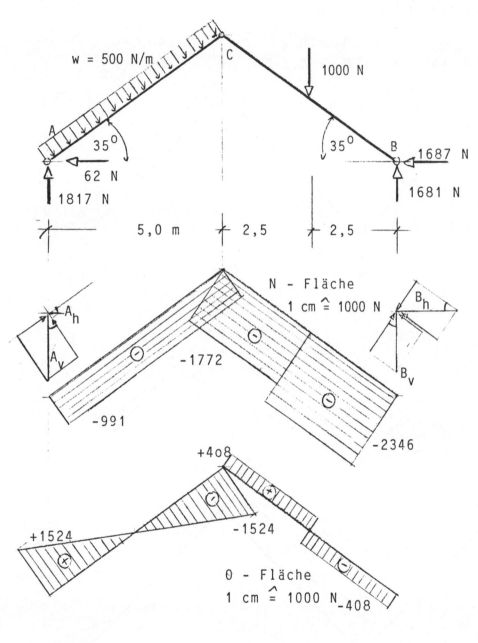

$h = 5 \cdot \tan 35° = 1,75$ m

$\sum M_B = 0$
$A_v \cdot 10 - 1000 \cdot 2,5 - 2500 \cdot 7,5 + 1750 \cdot 1,75 = 0$
$A_v = 1817$ N

$\sum V = 0$;
$1817 - 2500 - 1000 + B_v = 0$
$B_v = 1681$ N

$\sum M_C = 0$ (linker Teil)
$1817 \cdot 5 + A_h \cdot 3,5 - 3050 \cdot 3,05 = 0$
$A_h = 62$ N

$\sum M_C = 0$ (rechter Teil)
$1000 \cdot 2,5 - 1681 \cdot 5 + B_h \cdot 3,5 = 0$
$B_h = 1687$ N

$Q_A = A_v \cdot \cos 35° + A_h \cdot \sin 35° = 1525$ N

$N_A = A_v \cdot \sin 35° - A_h \cdot \cos 35° = -991$ N

$Q_B = B_v \cdot \cos 35° - B_h \cdot \sin 35° = -408$ N

$N_B = B_v \cdot \sin 35° + B_h \cdot \cos 35° = -2346$ N

$M_l = 500 \cdot 6,1^2 / 8 = 1524^2 / 1000 = 2326$ Nm

$M_r = 1000 \cdot 5 : 4 = 1250$ Nm

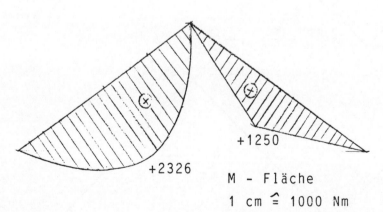

M - Fläche
1 cm $\hat{=}$ 1000 Nm

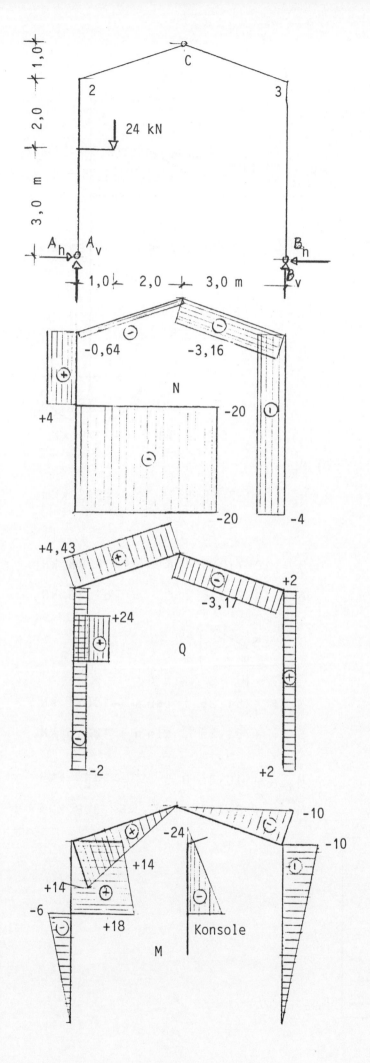

Lösung zu B 3.7

$\sum M_B = 0;\quad A_v \cdot 6 - 24 \cdot 5 = 0,$
$\qquad\qquad\qquad A_v = 20\ \text{kN}$

$\sum M_A = 0:\quad 24 \cdot 1 - B_v \cdot 6 = 0;$
$\qquad\qquad\qquad B_v = 4\ \text{kN}$

$\sum M_C = 0\ (\text{rechter Teil})$
$\qquad B_h \cdot 6 - 4 \cdot 3 = 0;$
$\qquad\qquad\qquad B_h = 2\ \text{kN}$

$\sum H = 0;\qquad A_h = 2\ \text{kN}$

$\sum V = 0;\quad 20 + 4 - 24 = 0$

$M_{1,u} = -2 \cdot 3 \qquad\qquad = -6\ \text{kNm}$

$M_{1,r} = -24 \cdot 1 \qquad\qquad = -24\ \text{kNm}$

$M_{1,o} = -2 \cdot 3 + 24 \cdot 1 = +18\ \text{kNm}$

$M_2 = -2 \cdot 5 + 24 \cdot 1 = +14\ \text{kNm}$

$M_3 = -2 \cdot 5 \qquad\qquad = -10\ \text{kNm}$

Lösung zu B 3.8

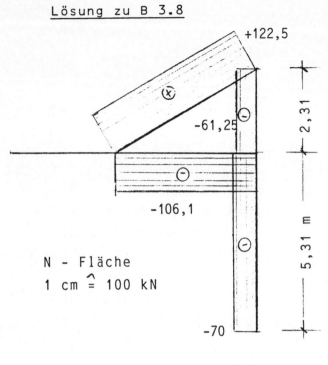

N - Fläche
1 cm $\hat{=}$ 100 kN

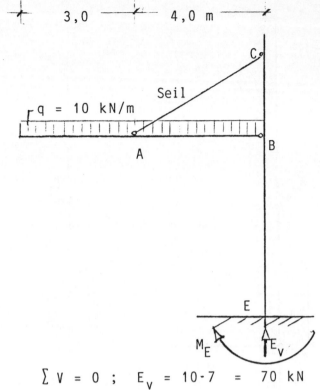

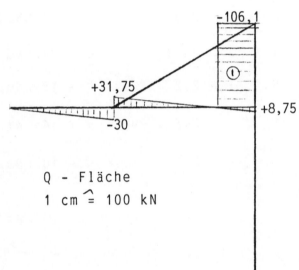

Q - Fläche
1 cm $\hat{=}$ 100 kN

$\sum V = 0$; $E_V = 10 \cdot 7 = 70$ kN

$\sum M_E = 0$;

$M_E = 10 \cdot 7 \cdot 3,5 \quad = -245$ kNm

$B = 10 \cdot 7 \cdot 0,5 : 4 \quad = 8,75$ kN
$A = 10 \cdot 7 \cdot 3,5 : 4 \quad = 61,25$ kN

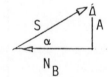

$N_B = -61,25 : \tan\alpha = -106.1$ kN
$S = +61.25 : \sin\alpha = 122,5$ kN

$M_A = -10 \cdot 3^2 \cdot 0,5 \quad = -45$ kNm
$M_1 = +8,75^2 : 20 \quad = 3,8$ kNm

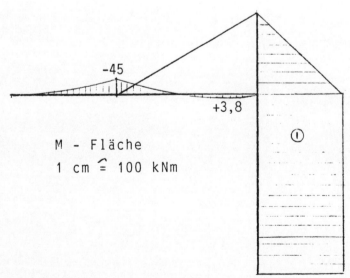

M - Fläche
1 cm $\hat{=}$ 100 kNm

Lösung zu B 4.1

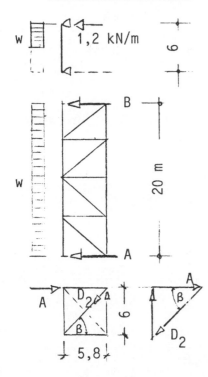

Der Fachwerkträger hat die waagrechten oberen Auflagerdrücke der Giebelstützen aufzunehmen.

$W_{oben} = 0{,}8 \cdot 0{,}5 \cdot 6{,}0 \cdot 0{,}5 = 1{,}2$ kN/m

Waagr. Auflagerreaktion des Fachwerks :

$A = B = 1{,}2 \cdot 20 \cdot 0{,}5 = 12$ kN

Diese Last muß vom Wandverband aufgenommen werden.

Der Stab D_1 ist bei Winddruck von links unwirksam, da er Druck bekäme und als Rundstahl ausknicken würde.

A wird durch den Riegel nach rechts geleitet und zerlegt. D_2 erhält jetzt Zug.

$\tan \beta = 6{,}0/5{,}8 \qquad \beta = 45{,}97°$

$\cos \beta = A/D_2 \qquad D_2 = 12 : \cos \beta = 17{,}27$ kN

M 16 : aufn Z = 17,3 kN

Lösung zu B 4.2

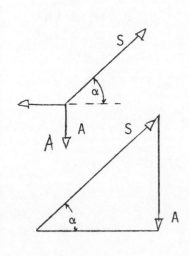

Rohrgewicht $0{,}122 \cdot 10$	=	1,220 kN
Wasser: $\dfrac{0{,}119^2 \cdot \pi}{4} \cdot 10 \cdot 10$	=	1,112 kN
Gesamtgewicht		2,332 kN

Je Aufhängepunkt vertikal

$A = B = 2{,}332 \cdot 0{,}5 = 1{,}166$ kN

$\alpha = 42°$; Seilkraft $S = 1{,}166 : \sin 42°$

$\qquad S = 1{,}743$ kN

Seilquerschnitt:

$$\frac{14 \cdot x^2 \cdot \pi}{4} = \frac{1{,}743}{zul\,\sigma}$$

$x^2 = \dfrac{1{,}743 \cdot 4}{14 \cdot 16 \cdot \pi} = 0{,}0099$ cm²

$x = 0{,}0995$ cm $\sim 0{,}1$ cm = 1 mm

Die 14 Einzeldrähte des Seiles müssen jeweils 1 mm Durchmesser haben.

Lösung zu B 4.3

1. $Z = 7 \cdot 4 \cdot 2{,}75 \cdot 0{,}5 = 38{,}5$ kN

2. erf $A = 38{,}5 : 16 = 2{,}41$ cm² Ø 18 mm (2,54)

3. M 24 ; zul Z $= 38{,}8$ kN $> 38{,}5$

4. $\sigma_{D\perp} = \dfrac{38{,}5}{14^2 - 2{,}5^2 \cdot \pi/4} = 0{,}20$ kN/cm²

5. $\sigma_z = \dfrac{38{,}5}{10 \cdot 0{,}4 - 2 \cdot 0{,}4 \cdot 1{,}3} = 13{,}1$ kN/cm² < 16

   $\tau_a = \dfrac{38{,}5}{8 \cdot 1{,}3^2 \cdot \pi/4} = 4{,}3$ kN/cm² $< 11{,}2$

   $\sigma_l = \dfrac{38{,}5}{4 \cdot 0{,}4 \cdot 1{,}2} = 20{,}1$ kN/cm² < 28

Lösung zu B 4.4

1. $\sigma = \dfrac{90}{2 \cdot 6 \cdot 12 - 3 \cdot 1 \cdot 6 \cdot 2} = 0{,}83$ kN/cm² $< 0{,}85$

2. 18 Stabdübel tragen im Mittelholz: $18 \cdot 0{,}85 \cdot 10 \cdot 1 = 153$ kN

   $18 \cdot 5{,}1 \cdot 1^2 = 91{,}8$ kN > 90

   in den beiden Seitenhölzern : $18 \cdot 2 \cdot 6 \cdot 0{,}55 \cdot 1 = 118{,}8$ kN

   $18 \cdot 2 \cdot 3{,}3 \cdot 1^2 = 118{,}8$ kN

3. gewählt $2 \cdot 6 \cdot 65$ mm

   $\sigma_z = \dfrac{90}{2 \cdot 0{,}6 \cdot 6{,}5 - 0{,}6 \cdot 1{,}7 \cdot 2} = 15{,}6$ kN/cm² < 16

4. gewählt: 4 Rohe Schrauben M 16

   $\tau_a = \dfrac{90}{4 \cdot 1{,}6^2 \pi/4} = 11{,}19$ kN/cm² $< 11{,}2$

   $\sigma_l = \dfrac{90}{4 \cdot 0{,}6 \cdot 1{,}6} = 23{,}4$ kN/cm² < 28

5. Holz: $\Delta l = \dfrac{Z \cdot l}{E \cdot A} = \dfrac{90 \cdot 1500}{1000 \cdot 2 \cdot 6 \cdot 12} = 0{,}94$ cm

   Stahl: $\Delta l = \dfrac{90 \cdot 1500}{21000 \cdot 2 \cdot 0{,}6 \cdot 6{,}5} = 0{,}82$ cm

Die Verlängerungen unterscheiden sich nur um 1 mm.

Holz und Stahl haben gleich gute elastische Eigenschaften.

Der Einfluß der Querschnittsschwächungen ist auf 15 m Länge gering.

Lösung zu B 4.5

1. aufn V = 50,5 kN   (Schneider: BT 6. Aufl. S.8.5)

2. gewählt: 16·16 cm : $\sigma_{D\perp} = \dfrac{46,5}{16^2 - 2,8^2\cdot\pi/4} = 0.19$ kN/cm² < 0,20

3.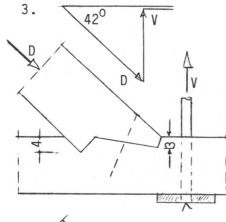

   D = 46,5 : sin 42° = 69,5 kN

   Doppelter Versatz mit 3 u. 4 cm Einschnitt
   aufn D = 0,708·3·16 + 0,559·4·16 = 69,76 kN

4. gewählt: h = 8 cm

   $\sigma_{D\measuredangle} = \dfrac{69,5\cdot\cos 42°}{8\cdot 16} = 0,4$ kN/cm² < 0,415

   (Kraftfaserwinkel 42°)

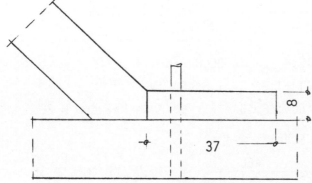

5. $n = \dfrac{69,5\cdot\cos 42°}{0,975} = 53$ St.

   gewählt: 56 Nägel 55·160

   Stirnholzlänge 89 cm

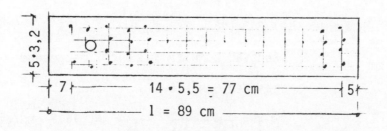

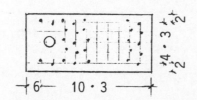

Vorgebohrte Nägel 55·160

n = 51,65 : 1,22 = 43 Stück

Stirnholzlänge 36 cm

6. gewählt 37 cm : $\tau_a = \dfrac{51,65}{16\cdot 37 - 2,7^2\cdot\pi/4} = 0,088$ kN/cm² < 0,09

Die Scherfestigkeit der Leimfläche ist bei sachgemäßer Ausführung größer als die der benachbarten Holzfaser.

Leimbaubetriebe müssen zugelassen sein (Näheres DIN 1052)

Innerhalb einer zimmermannsmäßigen Holzkonstruktion sind einzelne Leimbauteile nicht sinnvoll und auch nicht ausführbar. Empfehlenswert sind spezielle Leimkonstruktionen wie z.B. Brettschichtträger.

Lösung zu B 4.6

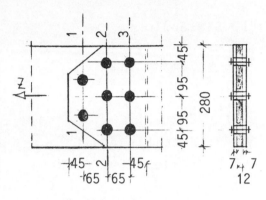

8 Rohe Schrauben M 20 4.6
Flachstahl 12·280 mm
Laschen 2·7·280 mm
Laschenlänge 450 mm

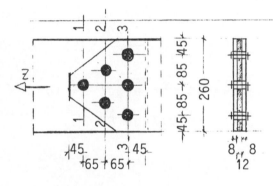

6 Paßschrauben M 20 4.6
Flachstahl 12·260 mm
Laschen 2·8·260 mm
Laschenlänge 450 mm

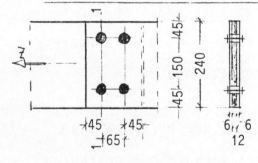

4 GV-Schrauben M 20 10.9
Flachstahl 12·240 mm
Laschen 2·6·240 mm
Laschenlänge 320 mm

$Q_S = 35{,}2 \cdot 2 = 70{,}4$ kN

$Q_L = 2{,}0 \cdot 1{,}2 \cdot 28 = 67{,}2$ kN

$460 : 67{,}2 = \underline{8 \text{ Rohe Schrauben M 20}}$

Zugstab Schnitt 1-1

$\sigma_1 = \dfrac{460}{(28 - 2\cdot 2{,}1)\cdot 1{,}2} = 16{,}1$ kN/cm² ≈ 16

Zugstab Schnitt 2-2

$\sigma_2 = \dfrac{460 \cdot 6/8}{(28 - 3\cdot 2{,}1)\cdot 1{,}2} = 13{,}2$ kN/cm² < 16

Im Schnitt 2-2 sind 2/8 der Kraft bereits in den Laschen.

Zugstab Schnitt 3-3 nicht maßgebend.

Laschen Schnitt 3-3 :

$\sigma_3 = \dfrac{460}{(28 - 3\cdot 2{,}2)\cdot 1{,}4} = 15{,}1$ kN/cm² < 16

$Q_{SP} = 48{,}4 \cdot 2 = 96{,}8$ kN

$Q_{LP} = 2{,}1 \cdot 1{,}2 \cdot 32 = 80{,}64$ kN

$460 : 80{,}64 = \underline{6 \text{ Paßschrauben M 20}}$

Zugstab Schnitt 1-1

$\sigma_1 = \dfrac{460}{(26 - 1\cdot 2{,}1)\cdot 1{,}2} = 16{,}0$ kN/cm² ≂ 16

Zugstab Schnitt 2-2

$\sigma_2 = \dfrac{460 \cdot 5/6}{(26 - 2\cdot 2{,}1)\cdot 1{,}2} = 14{,}7$ kN/cm² < 16

Zugstab Schnitt 3-3 nicht maßgebend

Laschen Schnitt 3-3

$\sigma_3 = \dfrac{460}{(26 - 3\cdot 2{,}1)\cdot 1{,}6} = 14{,}6$ kN/cm² < 16

$Q_{GV} = 64{,}0 \cdot 2 = 128$ kN $\underline{4 \text{ GV-Schrauben M 20}}$

$\sigma_L = \dfrac{460}{1{,}2 \cdot 2{,}0 \cdot 4} = 47{,}9$ kN/cm² < 48

Vollquerschnitt:

$\sigma = \dfrac{460}{1{,}2 \cdot 24} = 16$ kN/cm²

Zugstab Schnitt 1-1 :

$\sigma = \dfrac{460 - 0{,}4 \cdot 460 \cdot 0{,}5}{1{,}2 \cdot 24 - 2 \cdot 2{,}1 \cdot 1{,}2} = 15{,}5$ kN/cm² < 16

40 % der Schraubenkraft ist vor der Lochschwächung durch Reibungsschluß in die Laschen geleitet.

Lösung zu B 4.7

1. IPE 180 im Schnitt 1-1: $A_n = 23,9 - 4 \cdot 1,3 \cdot 0,8 = 19,74$ cm²

   aufn Z $= 19,74 \cdot 24 = 473,76$ kN

2. IPE 180 im Schnitt 2-2:

   $$\sigma_z = \frac{473,76 \cdot 14/18}{19,76 - 3 \cdot 1,3 \cdot 0,53} = 23 \text{ kN/cm}^2 < 24$$

   Im Schnitt 2-2 sind 4/18 der Kraft bereits in den Laschen.

3. 2 Steglaschen 5·120 : $A_n = 2 \cdot 0,5 \cdot 12 - 2 \cdot 3 \cdot 1,3 \cdot 0,5 = 8,1$ cm²

   aufn Z $= 8,1 \cdot 24 = 194,4$ kN

4. 2 Flanschlaschen 8·100: $A_n = 2 \cdot 0,8 \cdot 10 - 4 \cdot 1,3 \cdot 0,8 = 11,84$ cm²

   aufn Z $= 11,84 \cdot 24 = 284,16$ kN

5. Alle 4 Laschen : aufn Z $= 194,4 + 284,16 = 478,56$ kN

6. 6 Paßschr. im Steg : $Q_{SP} = 2 \cdot 27,9 = 55,8$ kN

   $Q_{LP} = 0,53 \cdot 1,3 \cdot 48 = 33,07$ kN

   6 Paßschrauben tragen $6 \cdot 33,07 = 198,42$ kN
   $> 194,4$ kN

7. 12 Paßschr. in den Flanschen :

   $Q_{SP} = 27,9$ kN (einschnittig)

   $Q_{LP} = 0,8 \cdot 1,3 \cdot 48 = 49,92$ kN

   12 Paßschrauben tragen $12 \cdot 27,9 = 334,8$ kN
   $> 284,16$"

8. Alle 36 Schrauben tragen aufn Z $= 198,42 + 334,8 = 533,22$ kN
   $> 473,76$ kN

9. Ergebnis : Der Zugstoß kann 473,76 kN übertragen, maßgebend ist der IPE 180 im Schnitt 1-1.

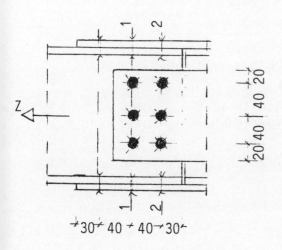

Lösung zu B 4.8

Lastaufstellung für das Giebelfundament

Dach:
Falzziegel + Latten	0,55 kN/m² DFl.	
Ausbau	0,35 "	
selbst	0,10 "	
	1,00 kN/m² GFl.	
bezogen auf GFl	1,20 kN/m² GFl	
Schneelast	0,80 "	
Eigenlast + Schnee	2,00 kN/m²	

Davon entfällt auf die Firstpfette: $2,0 \cdot 4,6 = 9,2$ kN/m
"   "   " den Giebel $0,5 \cdot 9,2 \cdot 4,2 = 19,3$ kN
in der Giebelwand verteilt $19,3 : (2 \cdot 4,6) = 2,1$ kN/m   für Fundament

Decke über E.G.:
Platte	$16 \cdot 0,25 =$	4,00 kN/m²
Putz und Belag		1,15 "
Leichte Wände		0,75 "
Nutzlast		1,50 "
		7,40 kN/m²

Davon entfällt auf den Unterzug : $7,4 \cdot 1,25 \cdot 4,6 = 42,6$ kN/m
selbst   3,4 "
46,0 kN/m
Davon entfällt auf den Giebel $46 \cdot 4,2 \cdot 0,5 = 96,6$ kN
in der Giebelwand unter $60°$ verteilt $96,6 : 6 = 16,1$ kN/m für Fundament

Decke über K.G.:
Platte + Putz + Belag	5,25 kN/m²
Nutzlast + Leichtwände	2,75 "
	8,00 kN/m²

Davon entfällt auf den Giebel: $8,0 \cdot 4,2 \cdot 0,5 = 16,8$ kN/m für Fundament

Lasten des Giebelfundaments:
Dach + 2 Decken	35,00 kN/m
Wand 0,365 · 4,5 · 15	24,6 "
Putz 0,03 · 4,5 · 20	2,7 "
Wand K.G. 0,4 · 2,2 · 23	20,2 "
Fundament 0,4 · 0,3 · 23	2,7 "
	85,2 kN/m

Bodenpressung $\sigma = \dfrac{85,2}{0,4 \cdot 1,0} = 213$ kN/m² < 220

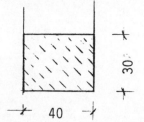

Halbfester bindiger Boden bei 50 cm Einbindetiefe.

C 30

Lösung zu B 5.1

Frage 1:

Fall 1 : $\quad \sigma = \dfrac{M}{W} = \dfrac{q \cdot l^2}{8} \cdot \dfrac{6}{b \cdot h^2} = \dfrac{3}{4} \cdot \dfrac{q \cdot l^2}{b \cdot h^2}$

Fall 2 : $\quad \sigma = \dfrac{M}{W} = \dfrac{q \cdot 4l^2}{8} \cdot \dfrac{6}{2bh^2} = \dfrac{3}{2} \cdot \dfrac{q \cdot l^2}{b \cdot h^2}$

Der Polier hat nicht recht, die Biegespannung im Fall 2 verdoppelt sich.

1. Lösungsmöglichkeit :
4 Balken nebeneinander
$\quad \sigma = \dfrac{M}{W} = \dfrac{q \cdot 4l^2}{8} \cdot \dfrac{6}{4bh^2} = \dfrac{3}{4} \dfrac{q \, l^2}{b \, h^2}$

2. Lösungsmöglichkeit :
2 Balken übereinander
$\quad \sigma = \dfrac{M}{W} = \dfrac{q \cdot 4l^2}{8} \cdot \dfrac{6}{b(2h)^2} = \dfrac{3}{4} \dfrac{q \, l^2}{b \, h^2}$

Frage 3 :

Es wird der indirekte Nachweis der Durchbiegung mit Hilfe der Formeln für das erforderliche Trägheitsmoment geführt.

Fall 1 : $\quad \text{erf } I_1 = M_1 \cdot l_1 \cdot a = \dfrac{q \cdot l^2}{8} \cdot l \cdot a = \dfrac{q \cdot l^3 \cdot a}{8}$

Fall 2 : $\quad \text{erf } I_2 = M_2 \cdot l_2 \cdot a = \dfrac{q \cdot 4l^2}{8} \cdot 2l \cdot a = q \cdot l^3 \cdot a$

$$I_2 = 8 \cdot I_1$$

2 Balken übereinander: $\quad I_2 = \dfrac{b \cdot (2h)^3}{12} = 8 \cdot \dfrac{b \cdot h^3}{12}$

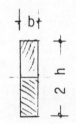

Hinweis : Die vollen Flächenmomente dürfen nur dann in Rechnung gestellt werden, wenn die Holzteile **starr** miteinander verbunden sind, z.B. bei geleimten Brettschichtträgern.
Andere Verbindungsmittel wie z.B. Dübel oder Nägel gelten als **nachgiebig** und führen zu einer rechnerischen Verringerung der Flächenmomente. Näheres siehe DIN 1052 oder Schneider: Bautabellen.

Lösung zu B 5.2

Für die Tragfähigkeit kann die Biegespannung, die Schubspannung oder die Durchbiegung maßgebend sein.
Beide Träger müssen das gleiche Moment aufnehmen können.

Biegung im Holz : aufn M = W · σ = $\frac{20 \cdot 30^2}{6}$ · 1,0 = 3000 kNcm = 30 kNm

Biegung Stahl : erf W = $\frac{M}{\sigma}$ = 3000 : 16 = 188 cm³ ; <u>IPBl 160</u>

Schubsp. im Holz : τ = 1,5 · $\frac{Q}{20 \cdot 30}$ = 0,09 ; aufn Q = 36 kN

Schubsp. im Stahl : τ = $\frac{Q}{0,6 \cdot 13,6}$ = 9,20 ; aufn Q = 75 kN

Stahlträger nicht maßgebend

Durchbiegung Holz : erf I = 313 · 30 · l = $\frac{20 \cdot 30^3}{12}$; l = 4,79 m

Durchbiegung Stahl: erf I = 14,9 · 30 · l = 1670 ; l = 3,74 m

Um die mögliche Stützweite des Holzbalkens zu erreichen, muß ein größeres Stahlprofil gewählt werden

erf I = 14,9 · 30 · 4,79 = 2141 cm³ ; <u>IPBl 180</u>
<u>HE-A 180</u>

Lösung zu B 5.3

Frage 1 :
aufn M = σ · W = 1,0 · 600 = 600 kNcm = 6,0 kNm
M = 6,0 = B · (1,5 - x) = $\frac{18 \cdot x}{1,5}$ · (1,5 - x)

(1,5 - x) · x = 0,5   <u>x_1 = 0,5 m</u>

Frage 2 :
max Q = $\frac{18 \cdot x'}{1,5}$ = 12 · x'

τ = 1,5 · $\frac{12 \cdot x'}{9 \cdot 20}$ = 0,1 · x' = 0,09   x' = 0,9 m

<u>x_2 = 0,6 m</u>

Frage 3 :

σ = $\frac{F \cdot 0,55 \cdot 0,95 \cdot 100}{1,5 \quad 600}$ = 1,0   F = 17,22 kN

τ = 1,5 · $\frac{F \cdot 0,95 \cdot 100}{1,5 \cdot 180}$ = 0,09   <u>F = 17,05 kN</u>

maßgebend

Lösung zu B 5.4

1. Möglichkeit :

Balkenstützweite	: $l = 1{,}05 \cdot 4{,}72$	$= 4{,}96$ m
Last je Balken	: $q = 3{,}4 \cdot 0{,}75$	$= 2{,}55$ kN/m
Biegemoment	: $M = \dfrac{2{,}55 \cdot 4{,}96^2}{8}$	$= 7{,}84$ kNm
Bemessung	: erf $W_y = M : \sigma = 784 : 1{,}0$	$= 784$ cm³
zul $f = l : 300$	: erf $I_y = 313 \cdot 7{,}84 \cdot 4{,}96$	$= 12171$ cm⁴
gewählt	: 12/24 cm $W_y = 1192$ cm³	> 784
	$I_y = 13824$ cm⁴	> 12171
Holzverbrauch	: $12 \cdot 0{,}12 \cdot 0{,}24 \cdot 1{,}1 \cdot 4{,}72$	$= \underline{1{,}794 \text{ m}^3}$

2. Möglichkeit :

Balkenstützweite	: $l = (1{,}05 \cdot 8{,}45) : 3$	$= 2{,}96$ m
Last je Balken	: $q = 3{,}4 \cdot 0{,}75$	$= 2{,}55$ kN/m
Biegemoment freiaufliegend:	$M = \dfrac{2{,}55 \cdot 2{,}96^2}{8}$	$= 2{,}79$ kNm
Bemessung	: erf $W_y = M : \sigma = 279 : 1{,}0$	$= 279$ cm³
	: erf $I_y = 313 \cdot 2{,}79 \cdot 2{,}96$	$= 2585$ cm⁴
gewählt	: 8/16 cm $W_y = 341$ cm³	> 279
	$I_y = 2731$ cm⁴	> 2585
Holzverbrauch	: $7 \cdot 0{,}08 \cdot 0{,}16 \cdot 1{,}1 \cdot 8{,}45$	$= 0{,}833$ m³
Unterzugstützw.	: $l = 1{,}05 \cdot 4{,}72$	$= 4{,}96$ m
Unterzuglast	: $q = (8{,}45 \cdot 3{,}4) : 3 + 0{,}40$	$= 9{,}98$ kN/m
Biegemoment	: $M = \dfrac{9{,}98 \cdot 4{,}96^2}{8}$	$= 30{,}69$ kNm
Bemessung	: erf $W_y = 30{,}69 : 1$	$= 3069$ cm³
	: erf $I_y = 313 \cdot 30{,}69 \cdot 4{,}96$	$= 47646$ cm⁴
gewählt	: 22/30 cm $W_y = 3300$ cm³	> 3069
	$I_y = 49500$ cm⁴	> 47646
Holzverbrauch	: $2 \cdot 0{,}22 \cdot 0{,}30 \cdot 1{,}1 \cdot 4{,}72$	$= 0{,}685$ m³
	Balken + Unterzug: $0{,}833 + 0{,}686$	$= \underline{1{,}52 \text{ m}^3}$
Ergebnis	: Bei Ausführung des 2. Vorschlages wird weniger Holz verbraucht.	

Lösung zu B 5.5

Lasten :

4 cm Kies	4 · 0,18	= 0,72	kN/m²
2 Lagen Pappe		= 0,13	"
25 mm Schalung	0,025 · 6	= 0,15	"
Sparren	0,077 : 0,77	= 0,10	"
	Ständige Last	g = 1,10	kN/m²
	Schnee	s = 0,90	"
		g + s = 2,00	kN/m²

Sparren

```
         1,54 kN/m
    ┌─────────────────┐
  A ▲                 ▲ B
    ├──── 4,6 ────┼1,4┤
```

Gegeben 8/16 cm

Last je Sparren q = 0,77 · 2,0 = 1,54 kN/m
A = 1,54 · 6 · 1,6 : 4,6 = 3,214 kN
B = 1,54 · 6 · 3   : 4,6 = 6,026 kN

$$M_1 = \frac{3,214^2}{2 \cdot 1,54} = 3,35 \text{ kNm}$$

M_B = 1,54 · 1,4² · 0,5 = − 1,51 kNm

σ = 335 : 341 = 0,98 kN/cm² < 1,0

Unterzug

```
         8,0 kN/m
    ┌─────────────────┐
        ▲A         ▲B
    ├1,6┼── 4,5 ──┼1,6┤
```

Gegeben 12/24 cm

Last aus Sparren 6,026 : 0,77 = 7,826 kN/m
Unterzug   0,12 · 0,24 · 6,0 = 0,174 "
                              q_U = 8,00 kN/m

$$M_B = -\frac{8 \cdot 1,6^2}{2} = -10,24 \text{ kNm}$$

$$M_1 = \frac{8 \cdot 4,5^2}{8} - 10,24 = 10,0 \text{ kNm}$$

σ = 1024 : 1152 = 0,89 kN/cm² < 1,0

A_l = 8 · 1,6 = 12,8 kN
A_r = 8 · 4,5 · 0,5 = 18,0 kN = max Q
A_{gesamt} = 12,8 + 18,0 = 30,8 kN

$$\tau = \frac{1,5 \cdot 18}{12 \cdot 24} = 0,094 \text{ kN/cm}^2 \sim 0,09$$

Stütze   10/12 cm

$$\lambda = \frac{300}{0,289 \cdot 10} = 104 \rightarrow \omega = 3,24$$

σ = 3,24 · 30,8 : 120 = 0,84 kN/cm² < 0,85

$\sigma_\perp$ = 30,8 : 120 = 0,26 kN/cm² > 0,20

oben Hartholz, unten Stahlfuß einbauen.

Lösung zu B 5.6

Biegespannung: $\sigma = \dfrac{M}{W} = \dfrac{q \cdot 40 \cdot 24 \cdot 6}{20 \cdot 6^2} = 1,0$

$q = 0,125$ kN/cm $= 12,5$ kN/m

Schubspannung: $\tau = \dfrac{1,5 \cdot Q}{6 \cdot 20} = 0,09$; max $Q = B = 7,2$ kN ↓

$M_A = q \cdot 40 \cdot 24 = 7,2 \cdot 16$

$q = 0,12$ kN/cm $= \underline{12,0 \text{ kN/m}}$ (maßg.)

Kantenpressung: Der Auflagerdruck A entspricht dem Inhalt des Spannungskeiles

$A = 0,5 \cdot 12 \cdot 20 \cdot \sigma = 12 \cdot 0,4 + 7,2 = 12,0$ ↑

$\sigma = 12 : 120 = \underline{0,1 \text{ kN/cm}^2} = $ zulσ (HLz 6/IIa)

$< 0,20$ (NH II)

Auflast: $7,2 = x \cdot 12$; erf Auflast $= 0,6$ m³

bei 1,5-facher Sicherheit: $\underline{0,9 \text{ m}^3}$ HLz 6/IIa/1,0

Lösung zu B 5.7

1. $I = \dfrac{12 \cdot 14^3}{12} - \dfrac{11,5 \cdot 12^3}{12} = 1088$ cm⁴; $W = 155,4$ cm³

   $M_A = 48 \cdot 0,45 = 21,6$ kNm

   $B = 21,6 : 0,4 = 54$ kN↓; $A = 48 + 54 = 102$ kN ↑

   $\sigma = 2160 : 155,4 = 13,9$ kN/cm² < 14

2. $S_0 = 12 \cdot 1 \cdot 6,5 + 0,5 \cdot 6 \cdot 3 = 87$ cm³

   $\tau = \dfrac{Q \cdot S}{b \cdot I} = \dfrac{54 \cdot 87}{0,5 \cdot 1088} = 8,64$ kN/cm² < 9 kN/cm²

3. $\tau' = \dfrac{54 \cdot 12 \cdot 6,5}{0,5 \cdot 1088} = 7,74$ kN/cm²

4. $\sigma' = \dfrac{13,9 \cdot 12}{14} = 11,91$ kN/cm²

   $\sigma_v = \sqrt{11,91^2 + 3 \cdot 7,74^2} = 17,9$ kN/cm² $> 1,1 \cdot 16$

   geringfügig überschritten

5. 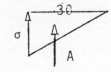 $A = 0,5 \cdot 30 \cdot 12 \cdot = 102$

   $\sigma = \dfrac{102}{0,5 \cdot 30 \cdot 12} = 0,57$ kN/cm² $< \dfrac{1,75}{2,5}$ $(0,7)$

Lösung zu B 5.8

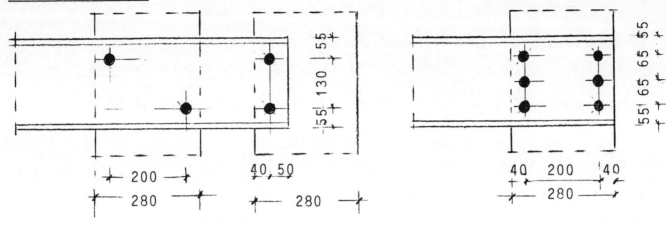

1. $\quad M_A = 24 \cdot 2{,}44^2 \cdot 0{,}5 = 71{,}443 \quad$ kNm $\quad = \quad$ max M

   $\quad B = 71{,}443 : 1{,}0 \quad = \quad 71{,}443 \quad$ kN $\downarrow$

   $\quad A_1 = 24 \cdot 2{,}44 \quad = \quad 58{,}56 \quad$ kN $\uparrow$

   $\quad A = 71{,}443 + 58{,}56 = 130{,}0 \quad$ kN $\uparrow$

   4 Roh. Schr. (SL) M 20 auf Absch.: $\quad 4 \cdot 35{,}2 \quad\quad\quad = 140{,}8$ kN > 130

   "   "   4.6   "   Lochl.: $\quad 4 \cdot 0{,}95 \cdot 2{,}0 \cdot 28 = 212{,}8$ kN > 130

2. $\quad M_A = 24 \cdot 2{,}34^2 \cdot 0{,}5 = 65{,}71 \quad$ kNm

   $\quad B = 65{,}71 : 0{,}2 \quad = \quad 328{,}54 \quad$ KN $\downarrow = $ max Q

   $\quad A_1 = 24 \cdot 2{,}34 \quad = \quad 56{,}16 \quad$ kN $\uparrow$

   $\quad A = 328{,}54 + 56{,}16 = 384{,}70 \quad$ kN $\uparrow$

   6 Paßschr. (SLP) M 20 auf Absch.: $\quad 6 \cdot 72{,}7 \quad\quad\quad = 436{,}2$ kN $> 384{,}7$

   "   5.6   "   Lochl.: $\quad 6 \cdot 0{,}95 \cdot 2{,}1 \cdot 32 = 383$ kN $\sim 384{,}7$

   $\quad\quad\quad\quad\quad\quad\quad\quad\quad\quad\quad\quad\quad\quad\quad\quad\quad\quad\quad\quad$ Überschreitung $< 1\%$

3. $\quad \sigma = \dfrac{7144{,}3}{2 \cdot 300} = 11{,}91 \quad$ kN/cm² $\quad < \quad 16$

   $\quad \tau = \dfrac{328{,}54}{2 \cdot 0{,}95 \cdot 20{,}1} = 8{,}6 \quad$ kN/cm² $\quad < \quad 9$

Das Beispiel zeigt, daß der Anschluß des eingespannten Trägers einen wesentlich höheren konstruktiven Aufwand erfordert als der Anschluß des Trägers mit Kragarm.

Der exakte Nachweis kann mit den Formeln für biegesteife Anschlüsse geführt werden, z.B. nach Schneider: Bautabellen 6.Aufl. S.8.44.

Die Stütze muß neben den lotrechten Lasten auch das eingeleitete Kragmoment aufnehmen können.

Lösung zu B 5.9

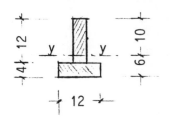

Bei einfach symmetrischen Querschnitten muß zunächst die Schwerachse = Nullinie y-y bestimmt werden.

Momentensatz bezüglich O.K. Querschnitt:
$4 \cdot 12 \cdot 2 \cdot e_o = 4 \cdot 12 \cdot 6 + 4 \cdot 12 \cdot 12 = 960$
$e_o = 960 : 96 = \underline{10 \text{ cm}}$; $e_u = 16 - 10 = \underline{6 \text{ cm}}$

Steiner'scher Satz :
$I_y = 1/12 \cdot 4 \cdot 12^3 + 4 \cdot 12 \cdot 4^2 + 1/12 \cdot 12 \cdot 4^3 + 4 \cdot 12 \cdot 4^2$

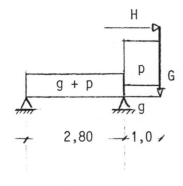

$I_y = 2176 \text{ cm}^4$ $W_{y \text{ oben}} = 2176 : 10 = \underline{218 \text{ cm}^3}$

$W_{y \text{ unten}} = 2176 : 6 = \underline{363 \text{ cm}^3}$

__Lastfall   min M_B__

$\min M_B = -(0,6 + 3,5) \cdot 1^2 \cdot 0,5 - 0,3 \cdot 1 - 0,5 \cdot 0,9$
$= -2,80 \text{ kNm je m}$

Biegespannung bei 75 cm Balkenabstand :

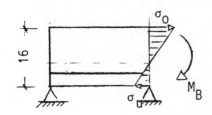

$\sigma_o = + \dfrac{0,75 \cdot 280}{218} = + 0,96 \text{ kN/cm}^2 < 1,0$

$\sigma_u = - \dfrac{0,75 \cdot 280}{363} = - 0,58 \text{ kN/cm}^2 < 1,0$

Durchbiegung am Kragarmende n. Schn.BT. 6.Aufl.4.3
Der Einfluß von G und H wird der Last q zugewiesen
$-0,3 \cdot 1 - 0,5 \cdot 0,9 = -0,75 \rightarrow \underline{1,5 \cdot 1^2 \cdot 0,5}$

$f_3 = \dfrac{0,75}{1000 \cdot 2176} \left\{ \dfrac{(0,6 + 3,5 + 1,5) \cdot 100^3 \cdot (4 \cdot 280 + 3 \cdot 100)}{100 \cdot 24} - \dfrac{1,2 \cdot 280^3 \cdot 100}{100 \cdot 24} \right\}$

$f_3 = 0,76 \text{ cm} > 100/150$ 1 mm Überschreitung
Der Balkenabstand wird auf 74 cm reduziert.

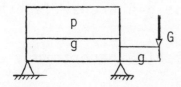

__Lastfall   max M_1__

$A \cdot 2,8 - 0,5 \cdot 3,2 \cdot 2,8^2 + 0,5 \cdot 0,6 \cdot 1^2 + 0,3 \cdot 1 = 0$

$A = 4,27 \text{ kN je m}$; $\max M_1 = \dfrac{4,27^2}{2 \cdot 3,2} = \underline{2,84 \text{ kNm/m}}$

$\sigma_o = - \dfrac{0,74 \cdot 284}{218} = -0,96 \text{ kN/cm}^2 < 1,0$

$\sigma_u = + \dfrac{0,74 \cdot 284}{363} = +0,58 \text{ kN/cm}^2 < 1,0$

Durchbiegung in Feldmitte n.Schn.BT.6.Aufl.4.3

$$f_m = \frac{0,74}{1000 \cdot 2176} \left\{ \frac{5 \cdot 3,2 \cdot 280}{384 \cdot 100} - \frac{1,2 \cdot 280^2 \cdot 100^2}{32 \cdot 100} \right\} = 0,77 \text{ cm}$$

$$f_{zul} = 280/300 = 0,93 \text{ cm; eingehalten}$$

Auflagerkräfte bei B

$B_l = 0,5 \cdot 3,2 \cdot 2,8 - 2,8/2,8 = 3,48$ kN je m

$B_r = 4,1 \cdot 1 + 0,3 = 4,40$ kN/m = max Q

Leimfläche $\quad \tau = \dfrac{0,74 \cdot 4,4 \cdot 4 \cdot 12 \cdot 4}{4 \cdot 2176} = 0,072 \text{ kN/cm}^2 < 0,09$

Nullinie $\quad \tau = \dfrac{0,74 \cdot 4,4 \cdot 4 \cdot 10 \cdot 5}{4 \cdot 2176} = 0,075 \text{ kN/cm}^2 < 0,09$

Hinweis : Die Scher- und Schubfestigkeit der Leimfuge ist bei sachgemäßer Ausführung größer als die der benachbar- Holzfaser.
Werden die Bretter nicht verleimt, sondern genagelt, so reduzieren sich die Flächenmomente (s. DIN 1052).

Lösung zu B 5.10

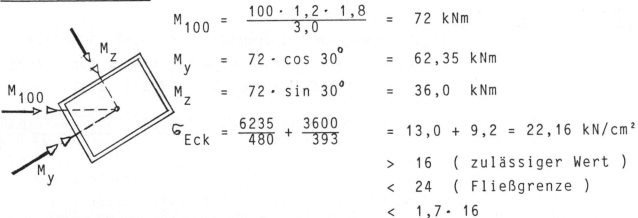

$M_{100} = \dfrac{100 \cdot 1,2 \cdot 1,8}{3,0} = 72$ kNm

$M_y = 72 \cdot \cos 30° = 62,35$ kNm

$M_z = 72 \cdot \sin 30° = 36,0$ kNm

$\sigma_{Eck} = \dfrac{6235}{480} + \dfrac{3600}{393} = 13,0 + 9,2 = 22,16$ kN/cm²

$\phantom{\sigma_{Eck}} > 16$ (zulässiger Wert)

$\phantom{\sigma_{Eck}} < 24$ (Fließgrenze)

$\phantom{\sigma_{Eck}} < 1,7 \cdot 16$

Die vorhandene Spannung liegt weit über der zulässigen Grenze, jedoch noch im elastischen Bereich.
Die Stütze verformt sich elastisch und braucht nicht erneuert zu werden.
Bei derartigen kurzzeitigen Horizontallasten werden geringere Sicherheiten bewußt in Kauf genommen, vergl. Schneider: BT 7.Aufl. S.3.14.
Ähnliches gilt z.B. bei Horizontallasten durch Erdbeben.

Durch konstruktive Maßnahmen z.B. Radabweiser können die Stützen gegen Anprall geschützt werden.

Lösung zu B 6.1

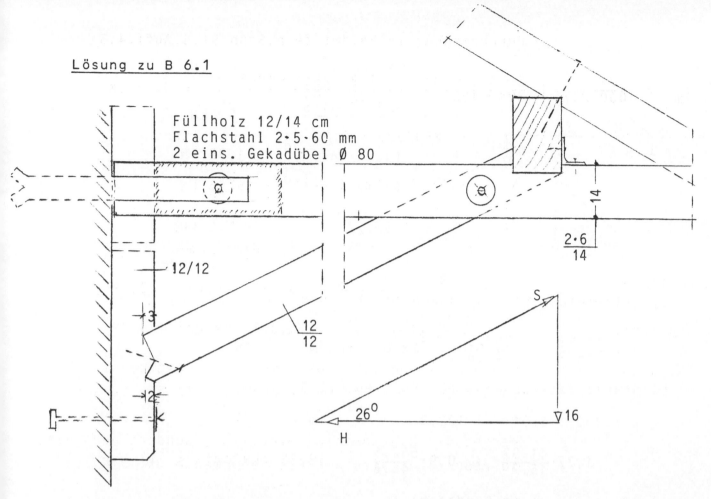

1. $S = 16 : \sin 26° = 36{,}5$ kN $\qquad s_k = 3{,}0 : \cos 26° = 3{,}34$ m

   $\lambda = \dfrac{334}{0{,}289 \cdot 12} = 96;\qquad \sigma = 2{,}82 \cdot \dfrac{36{,}5}{12 \cdot 12} = 0{,}71$ kN/cm² $< 0{,}85$

   Anschluß unten durch doppelten Versatz mit 3 und 2 cm Einschnitt
   aufn $S = 0{,}703 \cdot 2 \cdot 12 + 0{,}606 \cdot 3 \cdot 12 = 38{,}7$ kN $> 26{,}5$ kN

   Anschluß oben durch Pressung (Geißfuß) und Bolzen.

2. $H = 16 : \tan 26° = 32{,}8$ kN; $\sigma_z = \dfrac{32{,}8}{0{,}8 \cdot 2 \cdot 6 \cdot 14} = 0{,}24$ kN/cm² $< 0{,}85$

   2 eins. Gekadübel tragen $2 \cdot 17 = 34$ kN $> 32{,}8$

   Der Anschluß an die Wand hängt von den Mauereigenschaften ab.
   Eventuell muß durchgebohrt und auf der Mauerrückseite eine
   Ankerplatte vorgesehen werden.

3. $M = 4 \cdot 4^2 / 8 = 8$ kNm; $\qquad \sigma = \dfrac{800}{933} = 0{,}85$ kN/cm² $< 1{,}0$

   erf $I = 208 \cdot 8 \cdot 4 = 6656$ cm < 9333

4. $M_y = 0{,}5 \cdot 4^2 / 8 = 1{,}0$ kNm;

   $\sigma = \dfrac{800}{933} + \dfrac{100}{652} = 1{,}01$ kN/cm² $< 1{,}15$ (HZ)

   Durchbiegung nicht maßgebend.

5. Die Zugkraft in der Zange verringert sich durch den Wind,
   die Kraft in der Strebe bleibt gleich.

Lösung zu B 6.2

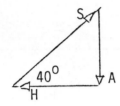

$$A = \frac{3,2 \cdot 5 \cdot 2,5}{4} = 10 \text{ kN}$$

$$B = \frac{3,2 \cdot 5 \cdot 1,5}{4} = 6 \text{ kN}$$

$$H = 10 : \tan 40° = 11,92 \text{ kN}$$

$$S = 10 : \sin 40° = 15,56 \text{ kN}$$

$$M_k = 0,5 \cdot 3,2 \cdot 1^2 = -1,6 \text{ kNm}$$

$$M_F = 6^2 : 2 \cdot 3,2 = 5,625 \text{ kNm}$$

a) allgemeiner Spannungsnachweis für Druck und Biegung im Rohr:

$$\sigma = \frac{11,92}{15,2} + \frac{562,5}{46,6} = 12,86 \text{ kN/cm}^2 < 16$$

b) Stabilitätsnachweis für Knicken mit Biegung:

$$\lambda = 400 : 3,91 = 102,3 \qquad \omega = 1,77$$

$$\sigma = 1,77 \cdot \frac{11,92}{15,2} + 0,9 \cdot \frac{562,5}{46,6} = 12,25 \text{ kN/cm}^2 < 14$$

c) Zugspannung im Rundstahl:

$$\sigma = 15,56 : \frac{1,2^2 \pi}{4} = 13,76 \text{ kN/cm}^2 < 16$$

Lösung zu B 6.3

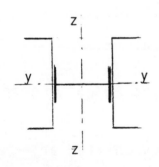

$$A = 2 \cdot 42,3 + 54,3 = 138,9 \text{ cm}^2$$

$$I_y = 2 \cdot 3600 + 889 = 8089 \text{ cm}^4$$

$$I_z = 2 \cdot 248 + 2 \cdot 42,3 \cdot (8 + 2,23)^2 + 2490$$
$$= 11840 \text{ cm}^4$$

$$i_y = \sqrt{8089/138,9} = 7,63 \text{ cm}$$

$$i_z = \sqrt{11840/138,9} = 9,23 \text{ cm}$$

$$\lambda_y = 650/7,63 = 85 ; \qquad \omega = 1,62$$

$$\lambda_z = 780/9,23 = 84,5$$

$$\sigma = \frac{\omega \cdot N}{A} \leq \text{zul}\,\sigma ; \quad \text{aufn } F = \frac{138,9 \cdot 14}{1,62} = 1200 \text{ kN}$$

Lösung zu B 6.4

1. $I_y = 4 \cdot 438 + 4 \cdot 16{,}7 \cdot 17^2 = 21057 \text{ cm}^4$

    $I_z = 4 \cdot 183 + 4 \cdot 16{,}7 \cdot 18^2 = 22375 \text{ cm}^4$

    $i_y = \sqrt{21057/66{,}8} = 17{,}76 \text{ cm}$

    $\lambda_y = 1200/17{,}76 = 67{,}6 \; ; \quad \omega = 1{,}26$

    $\text{aufn } F = \dfrac{14 \cdot 66{,}8}{1{,}26} = \underline{742 \text{ kN}}$

2. $\dfrac{1{,}26 \cdot F'}{66{,}8} + \dfrac{0{,}9 \cdot F' \cdot 17}{21057 : 24} = 14$

    $\text{aufn } F' = \underline{385{,}6 \text{ kN}}$

Lösung zu B 6.5

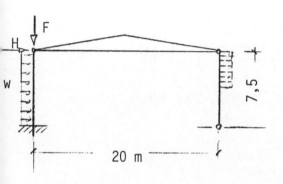

Belastung der Stütze

Wellplatten	0,20	kN/m²
Pfetten	0,20	"
Binder	0,25	"
Unterdecke + Dämmumg	0,45	"
g =	1,10	kN/m²
Schnee für H = 510 m/III	1,30	"
g + s =	2,40	kN/m²

Davon entfällt auf eine Stütze:

$2{,}4 \cdot 20 \cdot 0{,}5 \cdot 5 = 120 \text{ kN}$

Wind: $w = 0{,}8 \cdot 0{,}5 \cdot 5 = 2{,}0 \text{ kN/m}$

$H = 0{,}5 \cdot 0{,}5 \cdot 7{,}5 \cdot 0{,}5 \cdot 5 = 4{,}7 \text{ kN}$

$M_E = 4{,}7 \cdot 7{,}5 + 2 \cdot 7{,}5^2 \cdot 0{,}5 = 91{,}5 \text{ kNm}$ **gewählt: IPE 330**

1. Allgem. Spannungsnachweis auf Biegung mit Druck :

   $\sigma = 120 : 62{,}6 + 9150 : 713 = 14{,}75 \text{ kN/cm}^2 < 18 \text{ (St 37 HZ)}$

2. Stabilitätsnachweis für Knicken in der Momenten-Ebene:

   $\lambda_y = \dfrac{2 \cdot 750}{13{,}7} = 109{,}5 \quad \sigma = 2{,}1 \cdot \dfrac{120}{62{,}5} + 0{,}9 \cdot \dfrac{9150}{713} = 15{,}57 \text{ kN/cm}^2 < 16$

3. Stabilitätsnachweis für Knicken senkrecht zur M - Ebene:

   $\lambda_z = \dfrac{750}{3{,}55} = 211 < 250 \quad \sigma = 7{,}52 \cdot \dfrac{120}{62{,}6} = 14{,}4 \text{ kN/cm}^2 \sim 14 \text{ (H)}$

   2,8 % Überschreitung

Es wurde angenommen, daß die Außenstütze am Kopf durch einen Riegel in Hallenlängsrichtung ausgesteift ist (mit Verband oder Ausmauerung in den Endfeldern). Eventuell muß eine zusätzliche Aussteifung auf halber Stützenhöhe vorgeshen werden.

Lösung zu B 6.6

$A = 12 \cdot 16 - 4 \cdot 2 \cdot 2 = 176 \text{ cm}^2$

$I_y = \dfrac{12 \cdot 16^3}{12} - \dfrac{4 \cdot 2 \cdot 2^3}{12} - 2 \cdot 2 \cdot 2 \cdot 7^2 = 4096 - 5,3 - 392 = 3698,7 \text{ cm}^4$

$i_y = 3698,7 : 176 = 4,58 \text{ cm}$; $W_y = 3698,7 : 8 = 462,3 \text{ cm}^3$

$I_z = \dfrac{16 \cdot 12^3}{12} - 5,3 - 2 \cdot 2 \cdot 2 \cdot 5^2 = 2304 - 5,3 - 200 = 2098,7 \text{ cm}^4$

$i_z = 2098,7 : 176 = 3,45 \text{ cm}$

1. $\lambda = s_k : 3,43 = 150$;   zul $s_k = 150 \cdot 3,45 = 517,9 \text{ cm} = \underline{5,18 \text{ m}}$

2. $\lambda = 500 : 3,45 = 145$;   aufn $F_2 = \dfrac{0,85 \cdot 176}{6,31} = \underline{23,7 \text{ kN}}$

3. $s_{ky} = 500 : 4,58 = 109$; $\omega = 3,57$

   $s_{kz} = 250 : 3,45 = 72,5$;   nicht maßgebend

   $\qquad\qquad\qquad\qquad$ aufn $F_3 = \dfrac{0,85 \cdot 176}{3,57} = \underline{41,9 \text{ kN}}$

4. $\sigma = 3,57 \cdot \dfrac{18}{176} + 0,85 \cdot \dfrac{M}{462,3} = 0,85 \cdot 1,15$; $M = 333 \text{ kNcm}$

   $\dfrac{w \cdot 5^2}{8} = 3,33 \text{ kNm}$; $w = \underline{1,066 \text{ kN/m}}$

5.1   zul $s_k = 150 \cdot 0,289 \cdot 12 = 520 \text{ cm} = \underline{5,20 \text{ m}}$

5.2 $\lambda = \dfrac{500}{0,289 \cdot 12} = 144$; $\omega = 6,22$; $F_2 = \dfrac{0,85 \cdot 12 \cdot 16}{6,22} = \underline{26,24 \text{ kN}}$

5.3 $s_{ky} = \dfrac{500}{0,289 \cdot 16} = 108$; $\omega = 3,5$; $F_3 = \dfrac{0,85 \cdot 12 \cdot 16}{3,50} = \underline{46,6 \text{ kN}}$

5.4 $\sigma = 3,5 \cdot \dfrac{18}{192} + 0,85 \cdot \dfrac{M}{512} = 0,85 \cdot 1,15$; $M = 391 \text{ kNcm}$

$\qquad\qquad\qquad\qquad\qquad$ $w = \underline{1,25 \text{ kN/m}}$

Lösung zu B 6.7

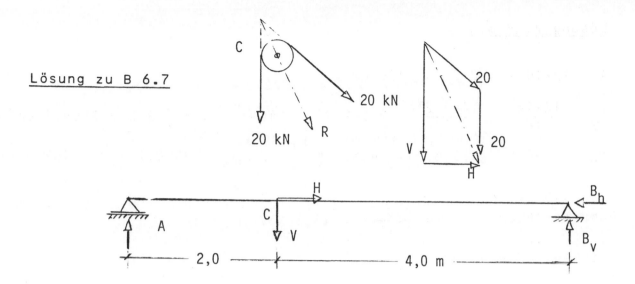

Gleichgewicht besteht, wenn die Kraft im Windenseil der äußeren Last gleich ist. Die Resultierende in Rollenmitte zerlegt sich in die Komponenten V und H.

$V = 20 + 20 \cdot \sin 40° = 32,86 \text{ kN}$ $H = 20 \cdot \cos 40° = 15,32 \text{ kN}$

$A = V \cdot 4/6 = 21,90 \text{ kN}$ $B = V \cdot 2/6 = 10,95 \text{ kN}$

$M = \dfrac{V \cdot 4 \cdot 2}{6} = 43,81 \text{ kNm}$

Nachweis des Balkens 2·16·30 auf Knicken + Biegung :

$\max \lambda = \dfrac{600}{0,289 \cdot 16} = 130; \quad \omega = 5,07$

$\sigma = 5,07 \cdot \dfrac{15,32}{32 \cdot 30} + 0,85 \cdot \dfrac{4381}{4800} = 0,857 \approx \text{zul } \sigma$

Die Knicklänge könnte reduziert werden, da bei C die beiden Balken verbunden sind.

Bei Anordnung von Zwischenhölzern könnte der sog. wirksame Schlankheitsgrad eingesetzt werden. Näheres siehe DIN 1052.

Nachweis der Stütze 12/14 cm auf Knicken :

$\max \lambda = \dfrac{500}{0,289 \cdot 12} = 144; \quad \omega = 6,22$

$\sigma = \dfrac{6,22 \cdot 21,9}{12 \cdot 14} = 0,81 \text{ kN/cm}^2 < 0,85$

oberer Anschluß mit 1 Paar Gekadübel Ø 80 mm ;   zul F = 29 kN

Der untere Anschluß ist mit Holzschwelle möglich:

$\sigma_{D\perp} = \dfrac{21,9}{12 \cdot 14} = 0,13 \text{ kN/cm}^2 < 0,20$

Lösung zu B 6.8

1. $H = 1{,}46 \cdot \cos 20° = 1{,}372 \text{ kN}$
    $M = 1{,}372 \cdot 1{,}5 = 2{,}058 \text{ kNm}$
    $V = 1{,}46 \cdot \sin 20° = 0{,}499 \text{ kN}$
    Rohr: $0{,}0693 \cdot 1{,}5 = \underline{0{,}104 \text{ kN}}$
    $0{,}603 \text{ kN}$

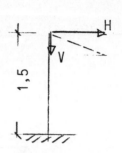

Rohr auf Biegung: $\sigma = \dfrac{205{,}8}{15{,}3} = 13{,}5 \text{ kN/cm}^2 < 16$

Knicken und Biegung: $\lambda = \dfrac{2 \cdot 150}{2{,}28} = 131{,}6$; $\omega = 2{,}92$

$$\sigma = \dfrac{2{,}92 \cdot 0{,}603}{8{,}82} + 0{,}9 \cdot 13{,}5 = 12{,}35 \text{ kN/cm}^2 < 14$$

2. Beton: $0{,}5 \cdot 0{,}9 \cdot 0{,}8 \cdot 24 = 8{,}640 \text{ kN}$
    von oben $\underline{0{,}603 \text{ kN}}$
    $N = 9{,}243 \text{ kN}$

    $M_{Stand} = 9{,}243 \cdot 0{,}45 = 4{,}16 \text{ kNm}$
    $M_{Kipp} = 1{,}272 \cdot 2{,}0 = 2{,}744 \text{ kNm}$
    Kippsicherheit $4{,}16 : 2{,}744 = 1{,}52$-fach $> 1{,}5$

3. Abstand der Resultierenden von D:

    $$c = \dfrac{M_D}{N} = \dfrac{4{,}16 - 2{,}744}{9{,}243} = 0{,}153 \text{ m} > \dfrac{d}{6} \quad (\text{noch zulässig})$$

    unter Ausschluß der Zugfestigkeit: $\sigma = \dfrac{2 \cdot 9{,}243}{3 \cdot 0{,}8 \cdot 0{,}153} = 50{,}34 \text{ kN/m}^2$ (klein)

    mit reduzierter Druckfläche: $\sigma = \dfrac{9{,}243}{2 \cdot 0{,}153 \cdot 0{,}8} = 37 \text{ kN/m}^2$ (gering)

4. Gleitsicherheit: $\nu = \dfrac{9{,}243 \cdot 0{,}3}{1{,}272} = 2$-fach $> 1{,}5$

5. Beton: $0{,}5 \cdot 0{,}9 \cdot 0{,}7 \cdot 24 = 7{,}56 \text{ kN}$
    von oben $\underline{0{,}603 \text{ "}}$
    $N = 8{,}163 \text{ kN}$

    $M_{St} = 7{,}56 \cdot 0{,}45 + 0{,}603 \cdot 0{,}7 = 3{,}824 \text{ kNm}$

    Kippsicherheit $3{,}824 : 2{,}744 = 1{,}39$-fach $< 1{,}5$ (nicht zul)

Die junge Frau hat sich geirrt. Die Kippsicherheit ist zu gering.

6. $\sin 20° = \dfrac{F}{2 \cdot 1{,}46}$ $\underline{F \approx 1 \text{ kN}}$

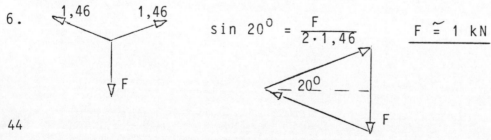

Lösung zu B 6.9

Schornsteinquerschnitt:	$1,24^2 - 0,76^2 = 0,96 \text{ m}^2$	
Trägheitsmoment:	$I = \dfrac{12,4 \cdot 12,4^3}{12} - \dfrac{7.6 \cdot 7.6^3}{12}$	$= 1692 \text{ dm}^4$
Widerstandsmoment:	$W = 1692 : 6,2$	$= 272,9 \text{ dm}^3$
Kernweite:	$K = 272,9 : 96 = 2,84 \text{ dm}$	$= 28,43 \text{ cm}$
Schornsteingewicht:	$G = 0,96 \cdot 6 \cdot 18$	$= 103,7 \text{ kN}$
Windlast:	$W = 1,3 \cdot 1,24 \cdot 6$	$= 9,67 \text{ kN}$
Kippmoment O.K.Fund.:	$M_K = 9,67 \cdot 3$	$= 29,02 \text{ kNm}$
Standmoment "	$M_S = 103,7 \cdot 0,62$	$= 64,28 \text{ kNm}$
Kippsicherheit	$\nu = 64,28 : 29,02$	$= 2,2\text{-fach} > 1,5$
Gleitsicherheit:	$\nu = (103,7 \cdot 0,76) : 9,67$	$= 8,1\text{-fach}$
Abstand der Res. v.D:	$c = M_D : N = (64,28 - 29,02) : 103,7 = 0,34 \text{ m}$	
Abst. der Res. v.Schw.	$a = 1,24/2 - 0,34 = 0,28 \text{ m} < 0,284 \text{ (K)}$	
	Die Resultierende liegt im Kern.	

Mauerpressung:
$$\sigma = -\frac{N}{A} \pm \frac{M}{W} = -\frac{103,7}{0,96} \pm \frac{29,02}{0,273} = -108 \pm 106$$

$\sigma_{links} = -2 \text{ kN/m}^2 \qquad \sigma_{rechts} = -214 \text{ kN/m}^2$

Hinweis: Liegt R außerhalb des Kerns, so müssen die Druckspanspannungen unter Ausschluß der Zugfestigkeit ermittelt werden. Näheres siehe z.B. Schweda: Festigkeitslehre
Werner Verlag

Fundamentlast:	$1,5 \cdot 1,5 \cdot 1.0 \cdot 23$	$= 51,75 \text{ kN}$
	von oben	$\underline{103,70 \text{ "}}$
		$155,43 \text{ kN}$
Kippmom. U.K.Fund.	$M_W = 9,67 \cdot 4,0$	$= 38,69 \text{ kNm}$
	$M_E = 0,5 \cdot 22 \cdot 0,49 \cdot 1,5 \cdot 0,33$	$\underline{= 2,70 \text{ kNm}}$
		$41,39$
Abst. d.Res. v.Schw.	$a = M_S/N = 41,39 : 155,43 = 0,27 \text{ m} > d/6 \quad (0,25)$	

Unter Ausschluß der Zugfestigkeit
$$\sigma = \frac{2 \cdot 155,43}{3 \cdot 1,5 \cdot (0,75 - 0,27)} = 143 \text{ kN/m}^2$$

Mit reduzierter Fläche:
$$\sigma = \frac{155,43}{2 \cdot 0,48 \cdot 1,50} = 108 \text{ kN/m}^2$$

Gleitsicherheit
$$\nu = \frac{155,4 \cdot 0,35}{9,67 + 8,09} = 3.1\text{-fach}$$

Kippsicherheit
$$\nu = \frac{155,4 \cdot 0,75}{41,39} = 2,8\text{-fach}$$

Lösung zu B 6.10

Belastungsbreite des Pfeilers: $B = 2 \cdot 2{,}52 \cdot 0{,}5 + 0{,}49 = 3{,}0$ m

Last von oben : $\quad 12 \cdot 3{,}0 = 36{,}0$ kN

halber Pfeiler: $0{,}24 \cdot 0{,}49 \cdot 12 \cdot 1{,}25 = \underline{1{,}764}$ kN
$\qquad\qquad\qquad\qquad\qquad\qquad\quad 37{,}764$ kN

Windmoment: $0{,}8 \cdot 0{,}8 \cdot 1{,}25 \cdot 3 \cdot 2{,}5^2 \cdot 1/8 = 1{,}875$ kNm

Abstand der Resultierenden vom Schwerpunkt des Pfeilerquerschnitts in halber Pfeilerhöhe:

$$a = \frac{M}{N} = \frac{1{,}875}{37{,}764} = 0{,}05 \text{ m} > \frac{d}{6} \text{ (0,04 m)}$$

R liegt außerhalb des Kerns

$$c = 0{,}24/2 - 0{,}05 = 0{,}07 \text{ m ; zulässig}$$

bei versagender Zugzone:
$$\sigma = \frac{2 \cdot 37{,}764}{3 \cdot 49 \cdot 7} = 0{,}073 \text{ kN/cm}^2 = 0{,}73 \text{ MN/m}^2$$

Schlankheit: $h/d = 250/24 = 10{,}4$; zul $\sigma = 1{,}12$ MN/m²

Scherspannung am Pfeilerkopf:

$\quad Q_W = 0{,}8 \cdot 0{,}8 \cdot 1{,}25 \cdot 3{,}0 \cdot 2{,}5 \cdot 0{,}5 = 3{,}0$ kN
$\quad V = 12 \cdot 3{,}0 \qquad\qquad\qquad\quad = 36{,}0$ kN

mittig: $\quad \sigma = \dfrac{36}{24 \cdot 49} = 0{,}03$ kN/cm² $= 0{,}3$ MN/m²

$\qquad$ zul $\tau = 0{,}03 + 0{,}1 \cdot 0{,}3 \qquad = 0{,}06$ MN/m²

$\qquad$ vorh $\tau = \dfrac{3}{24 \cdot 49} = 0{,}026$ MN/m² $< 0{,}06$ MN/m²

Eine ähnliche Aufgabe ist in Pohl/Schneider/Wormuth: Mauerwerksbau, Werner-Verlag enthalten.

Lösung zu B 7.1

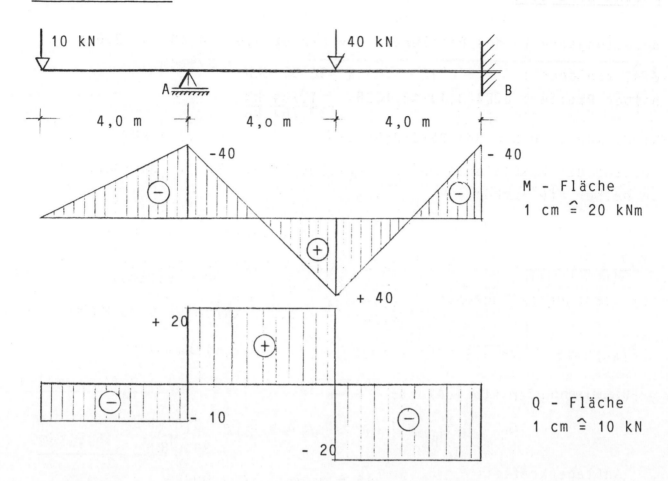

Kragmoment: $M_A = -10 \cdot 4 = -40$ kNm

Clapeyron: $M_A \cdot l + 2 M_B (l + 0) + 0 = -3/8 \cdot 40 \cdot l \cdot l - 0$

$-40 \cdot 8 + 2 \cdot M_B \cdot 8 = -960;$
$16 \cdot M_B = -640;$ $M_B = -40$ kNm

Auflagerkräfte:
$A_l = 10$ kN; $A_r = B = 20$ kN

Biegespannung:

IPE 240 $\sigma = 4000/324 = 12{,}4$ kN/cm² < 14

Durchbiegung: $f = \dfrac{40 \cdot 800^3}{48 \cdot 21000 \cdot 3890} - \dfrac{8000 \cdot 800^2}{16 \cdot 21000 \cdot 3890} = 1{,}3$ cm

Lösung zu B 7.2

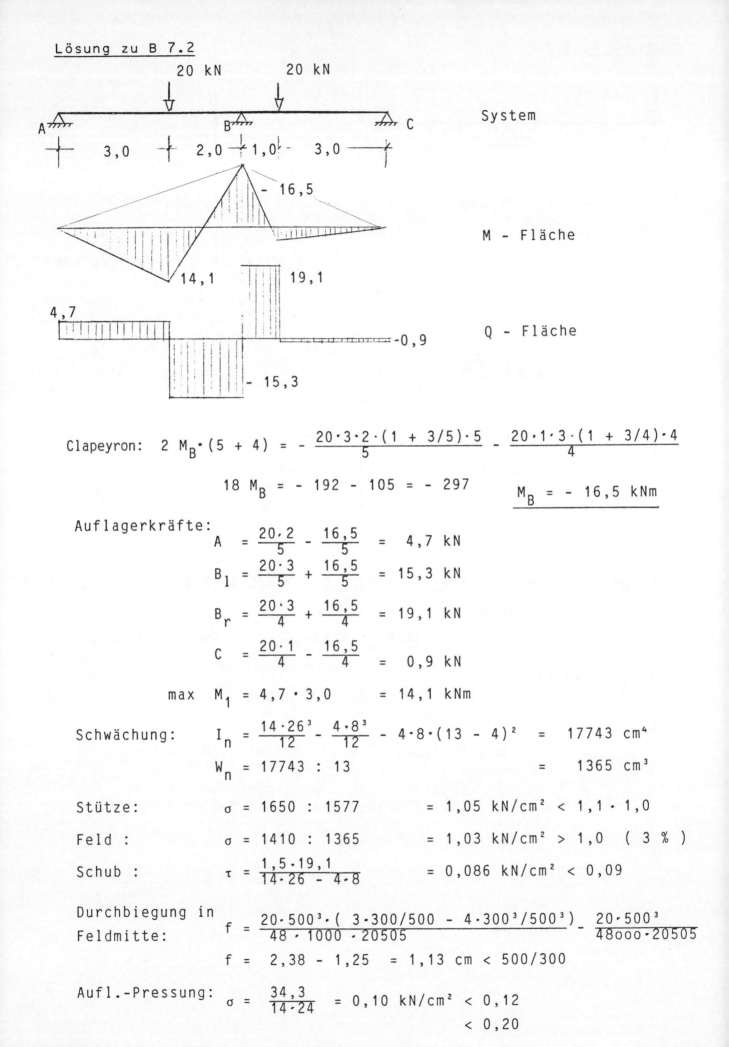

System

M - Fläche

Q - Fläche

Clapeyron: $2 M_B \cdot (5 + 4) = -\dfrac{20 \cdot 3 \cdot 2 \cdot (1 + 3/5) \cdot 5}{5} - \dfrac{20 \cdot 1 \cdot 3 \cdot (1 + 3/4) \cdot 4}{4}$

$18 M_B = -192 - 105 = -297$ $\underline{M_B = -16,5 \text{ kNm}}$

Auflagerkräfte:

$A = \dfrac{20 \cdot 2}{5} - \dfrac{16,5}{5} = 4,7 \text{ kN}$

$B_l = \dfrac{20 \cdot 3}{5} + \dfrac{16,5}{5} = 15,3 \text{ kN}$

$B_r = \dfrac{20 \cdot 3}{4} + \dfrac{16,5}{4} = 19,1 \text{ kN}$

$C = \dfrac{20 \cdot 1}{4} - \dfrac{16,5}{4} = 0,9 \text{ kN}$

$\max M_1 = 4,7 \cdot 3,0 = 14,1 \text{ kNm}$

Schwächung: $I_n = \dfrac{14 \cdot 26^3}{12} - \dfrac{4 \cdot 8^3}{12} - 4 \cdot 8 \cdot (13 - 4)^2 = 17743 \text{ cm}^4$

$W_n = 17743 : 13 = 1365 \text{ cm}^3$

Stütze: $\sigma = 1650 : 1577 = 1,05 \text{ kN/cm}^2 < 1,1 \cdot 1,0$

Feld : $\sigma = 1410 : 1365 = 1,03 \text{ kN/cm}^2 > 1,0 \;(3 \%)$

Schub : $\tau = \dfrac{1,5 \cdot 19,1}{14 \cdot 26 - 4 \cdot 8} = 0,086 \text{ kN/cm}^2 < 0,09$

Durchbiegung in Feldmitte: $f = \dfrac{20 \cdot 500^3 \cdot (3 \cdot 300/500 - 4 \cdot 300^3/500^3)}{48 \cdot 1000 \cdot 20505} - \dfrac{20 \cdot 500^3}{48000 \cdot 20505}$

$f = 2,38 - 1,25 = 1,13 \text{ cm} < 500/300$

Aufl.-Pressung: $\sigma = \dfrac{34,3}{14 \cdot 24} = 0,10 \text{ kN/cm}^2 < 0,12$
$< 0,20$

Lösung zu B 7.3

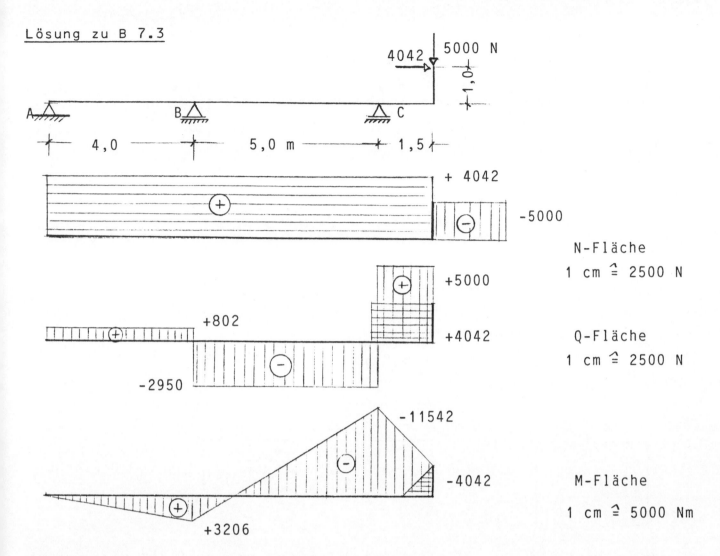

Die Belastung bei A geht direkt ins Auflager und belastet nicht das Deckensystem

Am Kniestock: $V = 6000 \cdot \sin 30° + 2309 \cdot \sin 60°$ $= 5000$ N

$H = 6000 \cdot \cos 30° - 2309 \cdot \cos 60°$ $= 4042$ N

$M_C = -5000 \cdot 1{,}5 - 4042 \cdot 1{,}0$ $= -11542$ Nm

Clapeyron: $2 \cdot M_B \cdot (4 + 5) - 11542 \cdot 5 = 0;$

$18 M_B = 57710; \quad M_B = +3206$ kNm

Auflagerkräfte:

$A =$	$0 \quad + 3206 / 4$	$= + 802$ N	$A_V = 802$ N ↑
$B_l =$	$0 - 802$	$= - 802$ N	
$B_r =$	$0 + (-11542 - 3206)/5$	$= - 2950$ N	$B = 3752$ N ↓
$C_l =$		$= + 2950$ N	
$C_r =$		$= 5000$ N	$C = 7950$ N ↑

C 49

Lösung zu B 7.4

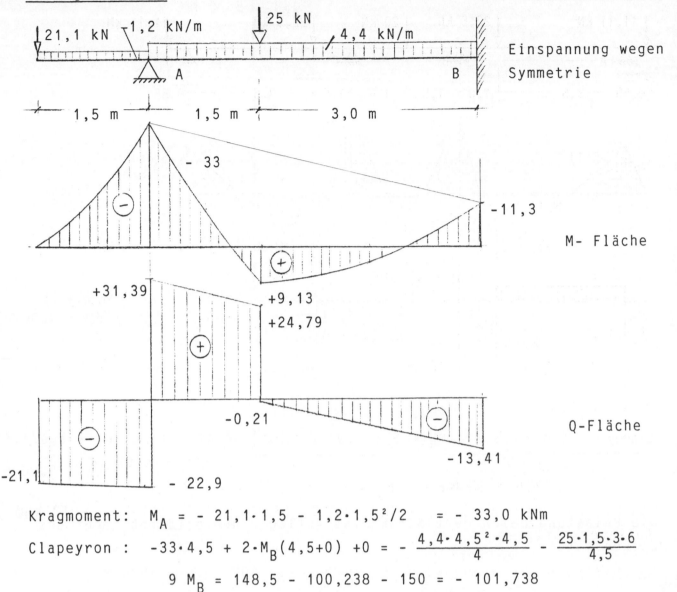

Kragmoment: $M_A = -21{,}1 \cdot 1{,}5 - 1{,}2 \cdot 1{,}5^2/2 = -33{,}0$ kNm

Clapeyron: $-33 \cdot 4{,}5 + 2 \cdot M_B(4{,}5+0) + 0 = -\dfrac{4{,}4 \cdot 4{,}5^2 \cdot 4{,}5}{4} - \dfrac{25 \cdot 1{,}5 \cdot 3 \cdot 6}{4{,}5}$

$9\,M_B = 148{,}5 - 100{,}238 - 150 = -101{,}738$

$M_B = -11{,}3$ kNm

Auflagerkräfte:

$A_l = 21{,}1 + 1{,}2 \cdot 1{,}5 \cdot 0{,}5 = 22{,}9$ kN

$A_r = \dfrac{4{,}4 \cdot 4{,}5}{2} + \dfrac{25 \cdot 3}{4{,}5} + \dfrac{-11{,}3 + 33}{4{,}5} = 31{,}39$ kN

$B_l = \dfrac{4{,}4 \cdot 4{,}5}{2} + \dfrac{25 \cdot 1{,}5}{4{,}5} + \dfrac{-33 + 11{,}3}{4{,}5} = 13{,}41$ kN

Feldmoment: $M_1 = \dfrac{31{,}39 + 24{,}79}{2} - 33 = 9{,}13$ kNm

Lösung zu B 7.5

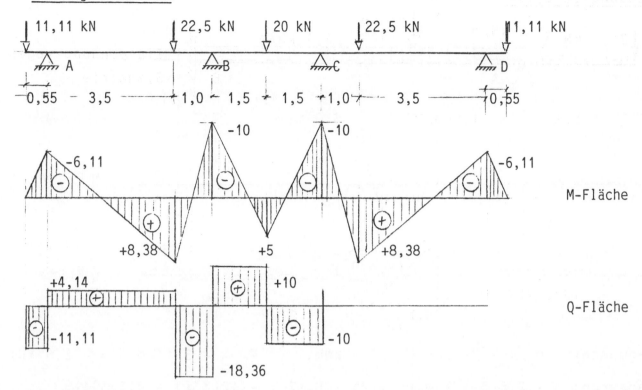

$M_A = -11{,}11 \cdot 0{,}55 = -6{,}11$ kNm

Clapeyron: $-6{,}11 \cdot 4{,}5 + 2 \cdot M_B(4{,}5 + 3{,}0) + M_C \cdot 3 = -22{,}5 \cdot 3{,}5 \cdot 1 \cdot (1 + 3{,}5/4{,}5)$
$\hspace{11cm} - (20 \cdot 3 \cdot 3 \cdot 3) : 8$

$\hspace{2cm} -27{,}5 + 15\,M_B + 3\,M_B = -140 - 67{,}5 = -207{,}5$

$\hspace{6cm} M_B = -180/18; \hspace{2cm} M_B = -10$ kNm

Auflagerkräfte:

$\hspace{3cm} A_l = 11{,}11$ kN

$\hspace{3cm} A_r = \dfrac{22{,}5 \cdot 1{,}0}{4{,}5} + \dfrac{-10 + 6{,}11}{4{,}5} = 4{,}14$ kN

$\hspace{3cm} B_l = \dfrac{22{,}5 \cdot 3{,}5}{4{,}5} + \dfrac{-6{,}11 + 10}{4{,}5} = 18{,}36$ kN

$\hspace{3cm} B_r = 10$ kN

Momente: $\hspace{1cm} M_1 = 4{,}14 \cdot 3{,}5 - 6{,}11 \hspace{2cm} = 8{,}38$ kNm

$\hspace{3cm} M_2 = 20 \cdot 3/4 - 10 \hspace{2.4cm} = 5{,}0$ kNm

Lösung zu B 7.6

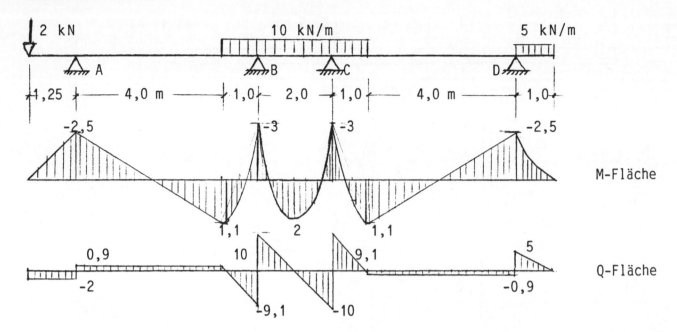

M-Fläche

Q-Fläche

Kragmomente $M_A = -2 \cdot 1,25 = -2,5$ kNm; $M_D = -5 \cdot 1^2 \cdot 0,5 = -2,5$ kNm

Clapeyron: $-2,5 \cdot 5 + 2 \cdot M_B(5+2) + M_C \cdot 2 = -10 \cdot 1^2 \cdot (1 - 0,5/5)^2 \cdot 5$
$-(10 \cdot 2^2 \cdot 2) : 4$

$-12,5 + 14 M_B + 2 M_B = -40,5 - 20$;

$16 M_B = -48$; $M_B = M_C = -3,0$ kNm

Auflagerkräfte:

$A_l = 2,0$ kN

$A_r = 10 \cdot 1 \cdot 0,5 : 5 + \dfrac{-3 + 2,5}{5} = 1 - 0,1 = 0,9$ kN

$B_l = 10 \cdot 1 \cdot 4,5 : 5 + \dfrac{-2,5 + 3}{5} = 9 + 0,1 = 9,1$ kN

$B_r = 10 \cdot 2 \cdot 0,5 + 0 = 10$ kN

Momente:
$M_1 = 2,9 \cdot 4 - 2 \cdot 5,25 = \quad\quad = 1,1$ kNm

max $M_1 = \dfrac{9,1^2}{2 \cdot 10} - 3,0 \quad\quad = 1,14$ kNm

max $M_2 = 1/8 \cdot 10 \cdot 2^2 - 3,0 \quad\quad = 2,0$ kNm

Lösung zu B 7.7

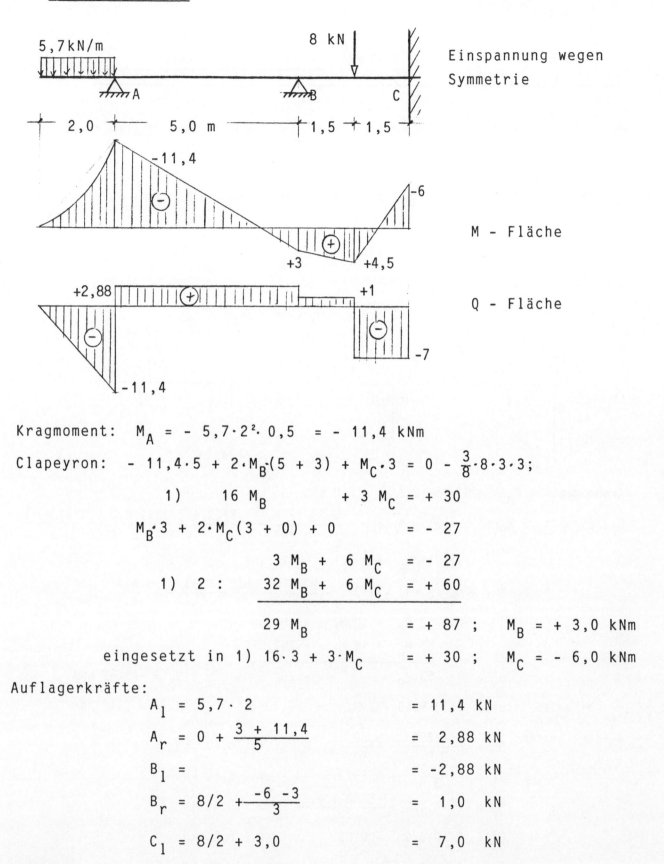

Einspannung wegen Symmetrie

M - Fläche

Q - Fläche

Kragmoment: $M_A = -5{,}7 \cdot 2^2 \cdot 0{,}5 = -11{,}4$ kNm

Clapeyron: $-11{,}4 \cdot 5 + 2 \cdot M_B \cdot (5 + 3) + M_C \cdot 3 = 0 - \frac{3}{8} \cdot 8 \cdot 3 \cdot 3$;

$$1) \quad 16\, M_B + 3\, M_C = +30$$

$$M_B \cdot 3 + 2 \cdot M_C(3 + 0) + 0 = -27$$

$$3\, M_B + 6\, M_C = -27$$

$$1) \cdot 2: \quad 32\, M_B + 6\, M_C = +60$$

$$29\, M_B = +87 \; ; \quad M_B = +3{,}0 \text{ kNm}$$

eingesetzt in 1) $16 \cdot 3 + 3 \cdot M_C = +30$; $M_C = -6{,}0$ kNm

Auflagerkräfte:

$A_l = 5{,}7 \cdot 2 \qquad\qquad = 11{,}4$ kN

$A_r = 0 + \dfrac{3 + 11{,}4}{5} \qquad = 2{,}88$ kN

$B_l = \qquad\qquad\qquad\qquad = -2{,}88$ kN

$B_r = 8/2 + \dfrac{-6 - 3}{3} \qquad = 1{,}0$ kN

$C_l = 8/2 + 3{,}0 \qquad\qquad = 7{,}0$ kN

Momente:

$M_2 = 7 \cdot 1{,}5 - 6{,}0 \qquad = 4{,}5$ kNm

Lösung zu B 7.8

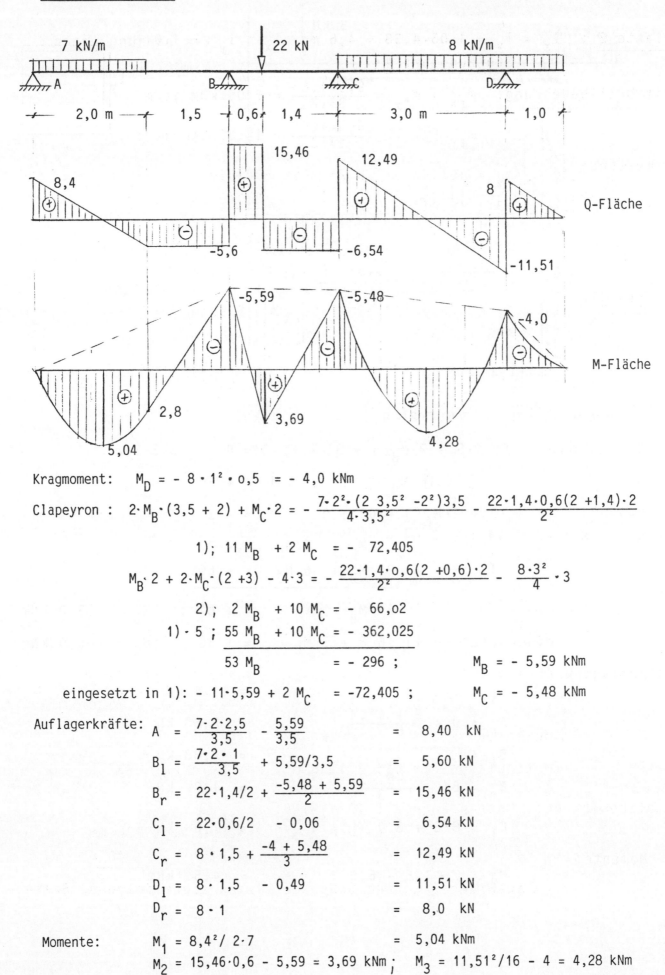

Kragmoment: $M_D = -8 \cdot 1^2 \cdot 0,5 = -4,0$ kNm

Clapeyron: $2 \cdot M_B \cdot (3,5 + 2) + M_C \cdot 2 = -\dfrac{7 \cdot 2^2 \cdot (2 \cdot 3,5^2 - 2^2) \cdot 3,5}{4 \cdot 3,5^2} - \dfrac{22 \cdot 1,4 \cdot 0,6 (2 + 1,4) \cdot 2}{2^2}$

$$1);\quad 11\,M_B + 2\,M_C = -72,405$$

$$M_B \cdot 2 + 2 \cdot M_C \cdot (2+3) - 4 \cdot 3 = -\dfrac{22 \cdot 1,4 \cdot 0,6 (2+0,6) \cdot 2}{2^2} - \dfrac{8 \cdot 3^2}{4} \cdot 3$$

$$2);\quad 2\,M_B + 10\,M_C = -66,02$$
$$1) \cdot 5;\quad 55\,M_B + 10\,M_C = -362,025$$
$$\overline{\quad 53\,M_B \quad\quad\quad = -296\quad};\quad M_B = -5,59 \text{ kNm}$$

eingesetzt in 1): $-11 \cdot 5,59 + 2\,M_C = -72,405$; $M_C = -5,48$ kNm

Auflagerkräfte:
$A = \dfrac{7 \cdot 2 \cdot 2,5}{3,5} - \dfrac{5,59}{3,5} = 8,40$ kN

$B_l = \dfrac{7 \cdot 2 \cdot 1}{3,5} + 5,59/3,5 = 5,60$ kN

$B_r = 22 \cdot 1,4/2 + \dfrac{-5,48 + 5,59}{2} = 15,46$ kN

$C_l = 22 \cdot 0,6/2 - 0,06 = 6,54$ kN

$C_r = 8 \cdot 1,5 + \dfrac{-4 + 5,48}{3} = 12,49$ kN

$D_l = 8 \cdot 1,5 - 0,49 = 11,51$ kN

$D_r = 8 \cdot 1 = 8,0$ kN

Momente:
$M_1 = 8,4^2 / 2 \cdot 7 = 5,04$ kNm
$M_2 = 15,46 \cdot 0,6 - 5,59 = 3,69$ kNm ; $M_3 = 11,51^2/16 - 4 = 4,28$ kNm

Lösung zu B 8.1

__Platte 2__: $l_x = l_y = 1,05 \cdot 4,38 = 4,6$ m; $l_x : l_y = 1,0$
Stützungsart 4

mit Drillbewehrung: $m_{fx} = m_{fy} = \dfrac{9,5 \cdot 4,6^2}{33,2} = 6,05$ kNm je m

$$m_{sy} = \dfrac{9,5 \cdot 4,6^2}{14,3} = 14,06 \text{ kNm je m}$$

Bemessung: $d/h_x/h_y = 16/14/13$ B 25, BSt 500/550

Feld: $k_h = 13 : \sqrt{6,05} = 5,28$; $a_{sy} = \dfrac{3,7 \cdot 6,05}{13} = 1,72$ cm²/m

gewählt: __Q 188__

erf. Eckauflast: $(9,5 \cdot 4,6^2) : 16 = 12,56$ kN

__Platte 3__:
$l_x = 12 + 576 + 1/3 \cdot 33 = 599$ cm $= 5,99$ m
$l_y = 438 + 2/3 \cdot 33 = 460$ cm $= 4,60$ m
$l_x : l_y = 5,99 : 4,60 = 1,3$

Stützungsart 2
Achsen vertauschen.

mit Drillbewehrung: $m_{fx} = \dfrac{9,5 \cdot 4,6^2}{30,6} = 6,57$ kNm/m

$$m_{fy} = \dfrac{9,5 \cdot 4,6^2}{18,9} = 10,64 \text{ kNm/m}$$

$$m_{sx} = \dfrac{9,5 \cdot 4,6^2}{9,6} = -20,94 \text{ kNm/m}$$

Bemessung:
Feld: x : $k_h = 14 : \sqrt{10,64} = 4,29$; $a_{sy} = \dfrac{3,7 \cdot 10,64}{14} = 2,81$ cm²/m
gewählt __Q 377__ (oder Q 188 + R 131)

y : $k_h = 13 : \sqrt{6,57} = 5,07$; $a_{sy} = \dfrac{3,7 \cdot 6,57}{13} = 1,87$ cm²/m
gewählt : __Q 377__ (oder Q 188 + R 131 quer)

Stütze: $m_s = 0,5 (14,06 + 20,94) = 17,5$ kNm $> 0,75 \cdot 20,94$
$k_h = 14 : \sqrt{17,5} = 3,35$; $a_s = \dfrac{3,8 \cdot 17,5}{14} = 4,75$ cm²/m
gewählt : __R 513__ (oder R 257 + R 221)

Ecke: Mattenlänge $0,3 \cdot 4,6 = 1,38$ m ; max Feldbew. Q 377

Stützbewehrung: Mattenlänge $2 \cdot (10 \cdot d_s + 0,2 \cdot l_{min} + v)$
$= 2 (10 \cdot 0,7 + 0,2 \cdot 460 + 14 = 226$ cm
gewählt : __2,40 m__

Bewehrungsplan und Schneideskizzen siehe folgende Seite.

Lösung zu B 8.1

Bewehrungsplan — Schneide-Skizzen

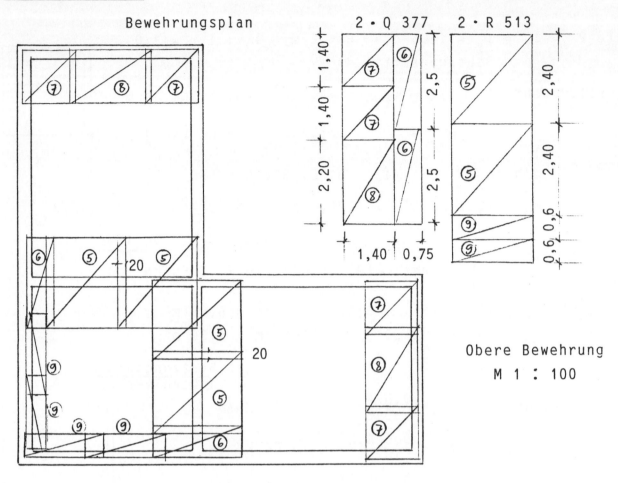

Obere Bewehrung
M 1 : 100

Schneide-Skizzen

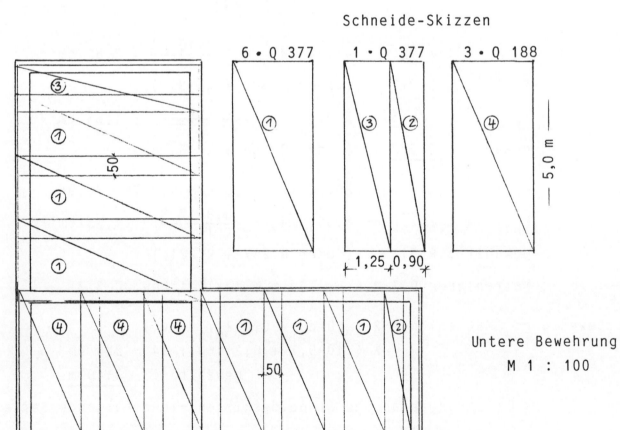

Untere Bewehrung
M 1 : 100

Lösung zu B 8.2

Auflagerkräfte: $A = B = \max Q = 0{,}5 \cdot 15 \cdot 6 = 45$ kN

Moment: $\max M = 1/8 \cdot 15 \cdot 6^2 = 67{,}5$ kNm

Bemessung: $h = 40 - 2 - 0{,}6 - 0{,}5 \cdot 2 = 36{,}4$ cm   gew. 36 cm

Biegung: $k_h = \dfrac{36}{\sqrt{76{,}5/0{,}24}} = 2{,}15 > k_h^* \ (1{,}72)$

Bewehrung: erf $A_s = \dfrac{4{,}8 \cdot 67{,}5}{36} = 9$ cm²   gew. 3 Ø 20 III (9,4 cm²)

Schub: $Q_{A'} = 45 - 15 \cdot (0{,}24/3 - 0{,}36/2) = 41{,}1$ kN

$$\max \tau_o = \dfrac{41{,}1}{0{,}24 \cdot 0{,}87 \cdot 0{,}36} = 547 \text{ kN/m}^2 = 0{,}547 \text{ N/mm}^2 < 0{,}75$$

Schubbereich 1, Schubbewehrung konstruktiv

Bügel: $a_{sbü} = 17 \cdot 0{,}24 \cdot 0{,}547 = 2{,}2$ cm²/m

Bü.-Abstand: $s_{bü} = 0{,}8 \cdot 40 = 32$ cm > 30 cm (maßgebend)

gewählt: Bügel Ø 6 mm, s = 25 cm   (2,26 cm²/m)

Verankerung am Auflager: erf $A_s = \dfrac{Q \cdot v}{\sigma \cdot h} = \dfrac{45 \cdot 0{,}75 \cdot 36}{24 \cdot 36} = 1{,}4$ cm²

Verank.-Länge: erf $l_2 = \dfrac{2 \cdot \alpha_1 \cdot \alpha_0 \cdot d_s}{3} \cdot \dfrac{\text{erf } A_s}{\text{vorh } A_s} = \dfrac{2 \cdot 1 \cdot 33{,}5 \cdot 2 \cdot 1{,}4}{3 \cdot 9{,}4} = 6{,}6$ cm

vorh $l_2 = 24 - 2 = 22$ cm; $< 6 \cdot d_s$ (12)

1 Ø 20 könnte im Feld enden.

Auflagerpressung: $\sigma = \dfrac{2 \cdot 45}{0{,}24^2} = 1562$ kN/m² = 1,56 MN/m² $< 1{,}6$

KSL 12-1,4-III

Bewehrungsplan M 1 : 50   Betonstahl III   Schnitt M 1 : 20

2 Ø 10
- 6,26 m -

3 Ø 20
- 6,26 m -

Bügel Ø 6 mm, s = 25, 25 Stck

Lösung zu B 8.3

1. $M_s = 50 + 90 \cdot (0,40 - 0,45/2) = 65,75$ kNm

   $k_h = \dfrac{40}{\sqrt{65,75 : 0,25}} = 2,47$

   $A_s = \dfrac{5,1 \cdot 65,75}{40} - \dfrac{90}{24} = \underline{4,63 \text{ cm}^2}$

2. $M_s = 50 - 30 \cdot 0,175 \qquad\qquad = 44,75$ kNm

   $k_h = \dfrac{40}{\sqrt{44,75 : 0,25}} = 2,99$

   $A_s = \dfrac{4,8 \cdot 44,75}{40} + \dfrac{30}{24} = \underline{6,62 \text{ cm}^2} \qquad$ gew. $\underline{3 \; \emptyset \; 18}$ III (7,6 cm²)

Lösung zu B 8.4

Für Biegemom. maßg.: $\sigma = \dfrac{375}{2 \cdot 1} = 187,5$ kN/m²

$\qquad\qquad$ Moment : $\quad m = 1/8 \cdot 187,5 \cdot 2^2 \quad = 94$ kNm je m

$\qquad\qquad\qquad\qquad k_h = 45 : \sqrt{94} \qquad = 4,64$

$\qquad$ Bewehrung : $\quad a_s = (3,7 \cdot 94) : 45 = \underline{7,7 \text{ cm}^2} \qquad \underline{\text{gew.: K 770}}$

$\qquad$ Schub : $\qquad$ Lastausbreitung $0,25 + 2 \cdot 0,45 = 1,15$ m

$\qquad\qquad\qquad\qquad$ max q $= 375 - 1,15 \cdot 187,5 \qquad = 159$ kN/m

rechn. Schubsp.: $\quad \tau_r = 159 : 2 \cdot 0,45 = 177$ kN/m² $= 0,18$ N/mm²

zul. Schubsp. $\quad \tau_z = 1,3 \cdot 1,4 \cdot \sqrt{7,7/45} \cdot 0,5 = 0,38$ N/mm² $> 0,18$

$\qquad\qquad\qquad\qquad$ keine Schubbewehrung erforderlich.

Bodenpressung: $\qquad$ Last $= 375 + 2 \cdot 0,5 \cdot 25 \quad = 400$ kN/m

$\qquad\qquad\qquad$ vorh$\sigma = \dfrac{400}{2 \cdot 1} = \underline{200 \text{ kN/m}^2} =$ zul σ

STICHWORTVERZEICHNIS

A
Abscheren B22
Ankerplatte A29
Anprall C38
Anprall eines Fahrzeuges B33
Anstrichfläche A8 f.
Auflagerkraft B4, B9
Auflagermauerwerk B46
Auflagerpressung B41
Ausbau A2, A5
Außenwand A31, B22
Außermittigkeit B34

B
B 25 A14, A22, B45
Balkenabstand A12
Balkenbreite B28
Balkendecke A11
Balkenlast A14
Balkenquerschnitt A12, B8
Balkenstützweite B28
Balkonträger B32
Baugrund B27
Baukalender A18, A24
Baustoff A14
Bekiesung A33
Belag A14
Belastung A28 f.
Belastungsbreite A3, A14
Belastungsfläche A22
Bereich, elastischer C38
Beton B31
Betondeckung B8
Betongüten A11
Betonklotz B38
Betonstahlmatten B47
Betonwand B47
Bewehrung A10, A13 f., B45 ff.
Bewehrungsplan C57
Biegemoment A13
Biegespannung B28 f., B31
Biegesteif angeschlossener Kniestock B15
Biegesteife Kranbahnkonsole B20
Biegung mit Längskraft B34
Bimsbeton A10
Bimsbeton-Hohlkörper A11
Binder A28, B24
Binderabstand A7, A30, A33
Binderauflager A8
Binderbreite A28
Bindereigenlast A7
Bindergewicht A8 f.
Bitumenpappe B30
Boden, halbfester bindiger B27
Bodenpressung B47
Bodenpressung, zulässige A31
Bohle B31
Bolzen B21
Bretter B33
Brettschichtträger A6, A15
Brücke B14
Brückenlast B14
BSt 420 S A14, A22
Bügel B8, C57
Bundweite A28 f.

C
Cremonaplan B9

D
Dach A31
Dachaufbau B30
Dachbinder B36
Dachebene B22
Dachhaut A8 f.
Dachkonstruktion B23
Dachlast B15
Dachneigung A2 f., A6 f., A15
Dachträger B9, B18, B24
Decke A31, B15
Decke mit Trennwand A13
Decke ohne Trennwand A13
Decke über KG B27
Deckenbewehrung B45
Deckendicke A13
Deckeneigenlast B15
Deckenfläche A22
Deckenplatte B45
Deckenscheibe B6
Diagonale B22
DIN 1055 B27
Doppelbalken B37
Dreigelenkrahmen B19 f.
Dreigelenkrahmen aus Brett-
  schichtholz A32
Druck B22
Druckspannung senkrecht zur Faser A27
Durchbiegung A6, A12, B28, B30
Durchbiegungsbeschränkung A13
Durchlaufende Platte B43
Durchlaufträger A13

E
Eckstütze B8
Eigenlast A4, B3 f., B7
Einfeldbalken A16
Einfeldträger B6, A15, A18
Eingespannte Stütze A30, B36
Eingespannte Stütze aus Brett-
  schichtholz A29
Eingespannter Stahlbeton B7
Einspannmoment B32
Einspannstelle B21
Einspannung B31
Einteilig A29
Einzeldraht B22
Einzellast B4
Elastische Verlängerung B24
Elastischer Bereich C38
Entwurf B29
Erdbeben C38
Erddruck B39
Erforderliche Kippsicherheit A18
Erforderliche Querschnittshöhe A6
Eulerfall 2 B36

F
Fachwerk B9
Fachwerkartige Verstrebungen B35
Fachwerkbinder aus Holz A7
Fachwerkbinder aus Stahl A8 f.
Fachwerkknoten B25
Fachwerkträger B9
Falzziegel A2
Fenstersturz B40
Fenstertür B40
Fertigteilstütze B4

Firstkeil A6, A15
Flachdach B6, B22
Flachstahl B23
Flächenmoment C38
Fundament B7

G
Galerie B23
Gasbeton A10
Geknickter Träger B16
Gewinde B23
Giebelfundament B27
Giebelwand B12, B27
Gleitsicherheit B7, B39
Grundriß B45
Güteklasse I A 6
Güteklasse II B28
GV-Schraube 10.9 B26

H
Halbfester bindiger Boden B27
Halbrahmen B17
Halle B20, B36
Hebegerät B37
Hebelarm B11
Hemau B36
Hohlprofil A8 f., B33 f.
Holz B21, B23
Holzbalken A16, B28, B41
Holzbalken, schadhafter B28
Holzbalkendecke B29
Holzbalkendecke für Wohnräume A12
Holzbaubetrieb B25
Holzbinder B25
Holzfaser C38
Holzschalung B30
Holzskeletthaus B36
Holzstärke B25
Holzunterzug B30
Horizontallast C38

I
IPB 200 B24

K
Kantenpressung B31
Kehlbalken A5
Kehlbalkendach A5
Kiesschüttung B30
Kippsicherheit B39
Kirchengewölbe B5
Knicklänge B35
Knickung B34
Kniestock B42
Kniestock, biegesteif angeschlosser B15
Konstruktionshöhe A10
Kräfteplan B3 f.
Krafteck B25
Kraftfaserwinkel B24
Kragarm B17
Kragarmende B17
Kragträger A13, B32
Kran B13
Kranausleger B13
Kranbahnkonsole, biegesteif B20
Krupp-Montex-System A11

L
Lageplan B3
Laschenabmessung B26
Last B5
Last, ständige B29
Lastfall A16, B3
Lastkombination A2
Längsschnitt B46
Leichte Trennwand A12, A14
Leimfläche B33
Leimfuge C38
Leimung B25

M
Maaß: Stahltrapezprofile A10
Massivdecke B15, B42
Mauer B17, B31
Mauerauflast B31
Mauerpfeiler B40
Mauerpressung B39
Mauerscheibe B6
Mauerwerksbau B29, B34
Mauerwerk B23
Momentenfläche B41
Mutter B23

N
Nadelholz B28
Nadelholz Gkl.II A2 ff., A16
Nagel A7, B25
Nagelbild B25
Nagelplatte A7
Nullinie B33
Nutzhöhe, statische B8
Nutzlast B13

O
Obergurt A7

P
Paßschraube 5.6 B26
Pavillon B6
Pendelstütze B11, B37
Pfeiler B40
Pfeilerputz B40
Pfette A3, A7, B34
Pfettendach A2, B41 f.
Pfettenquerschnitt A3
Pieper-Martens B45
Platte, durchlaufende B43
Polier B28
Pressung B23, B31
Pultdach B10
Putz A14

Q
Quadratische Unterlagsplatte B23
Querkraftfläche B41
Querschnittshöhe A15
Querschnittshöhe, erforderliche A6
Querschnittsschwächung B41

R
Radabweiser C38
Rahmen B17
Rechteckquerschnitt B46
Reibungsfreie Rolle B13
Reparaturlast rechts B19
Resultierende B3 ff.
Rippendecke A11, A13
Rohe Schraube B23
Rolle B4
Rolle, reibungsfrei B13
Rollenlager B17
Rundstahl B6, B22 f.
Rüterbau-System A11

S
Sanierung B28
Schadhafter Holzbalken B28
Schalung, verlorene A10
Scheibenkraft B6
Schlankheit A32
Schnee A2, A7, A33, B30
Schneelast A4 f., B3, B36
Schneideskizze B45
Schornstein B39
Schraube, rohe B23
Schraubenabstand B26
Schraubenanzahl B26
Schubbereich 1 C57
Schubspannung B29, B31
Schweißnaht B31

Schwerpunkt B8
Schwerpunktabstand B8
Seil B4, B13, B22
Selbsttragendes Trapezblech-Dach A33
Shed B18
Sicherheit C38
Skelettbau B12
SL-Schraube 4.6 B26
SLP-Schraube 4.6 B26
SLW B14
Spannbeton-Hohldiele A33
Spannung, zulässige A6
Spannweite A28 f.
Sparren A2, A5, B30
Sparrenabstand A2, A4
Sparrendach A4, B15, B19, B42
Sparrenquerschnitt A2
Sperrholzplatte A7
St 37, Lastfall H A25
Stabanschluß A7
Stabdübel A7, B24
Stabilitätsnachweis B28
Stabkraft B3, B9
Stahl A30
Stahlauszug B46
Stahlbeton A30, B45
Stahlbeton, eingespannter B7
Stahlbeton-Rechteckbalken B46
Stahlbeton-Rippendecke A11
Stahlbetonbalken A14, B8
Stahlbetondecke A14
Stahlbetonplatte A13
Stahlbetonstütze B21
Stahlbetonwand B31
Stahldübel A29
Stahlhalle A33, B8
Stahlkonstruktion B26
Stahllasche A29
Stahlliste B46
Stahlrohr B22
Stahlseil B21
Stahlsorte A11
Stahlstütze A24
Stahlstütze aus Hohlprofilen A25
Stahlträger B26
Stahltrapezbleche A10
Stahlverbrauch A14
Ständige Last A12, B29
Stampfbetonfundament B39
Standsicherheit B39
Statische Nutzhöhe B8
Statisches System B30
Staudruck A2 ff.
Steinfestigkeitsklasse A26
Stichmaß A32
Stiel A33
Stirnholz B25
Stoß des Zugstabes B26
Strebe B34
Streifenfundament B47
Streifenfundament aus Beton
    für Wohnhäuser A31
Stütze B4, B30
Stütze aus Stahlbeton A22
Stütze, eingespannte A30, B36
Stütze, eingespannte, aus Brett-
    schichtholz A29
Stützenfuß mit Schwelle A27
Stützenlast, zulässige A22
Stützenquerschnitt A22
Stützweite A3, A14, A33, B14
Stützweite, zulässige A16
Stützweite der Binder A30
Symmetrie B41
System, statisches B30

T
Tabellen zur Bemessung von
    Stahlbetonstützen A22
Tankstelle B33
Träger, geknickter B16
Träger mit Kragarm B4
Trägereigenlast B31
Tragfähigkeit frei stehender Mauern A26
Tragfähigkeit von ausgesteiften Wänden A26
Tragfähigkeit von nicht ausgesteiften
    Wänden A26
Tragkraft, zulässige A23
Transportmaß A32
Trapezblech-Dach, selbsttragend A33
Traufhöhe A30
Treppenhaus B32
Treppenlauf B16
Typenberechnung für Fachwerkbinder A7

U
Unterdecke A7
Untergurt A7
Unterlegplatte B25
Unterzug A13, B27, B30

V
Verankerung C57
Verankerungslänge C57
Verband B12, B34
Verband in Dachebene A7
Verbunddecke A11
Vergleichsspannung B31
Verkehrslast A5, A12, A14, B29
Verlängerung, elastische B24
Verlorene Schalung A10
Versatz B25
Verschnitt B45
Verstrebung, fachwerkartige B35
Viertelkreis B8
Vollquerschnitt B36
Vordach B10, B21, B30, B34

W
Wand A31
Wand aus Mauerwerk A26
Wasser B22
Wellasbestzement-Eindeckung A33
Wellplatte A2, A7
Wind A2, A4 f., A7, A33
Winddruck B3
Winde B4
Windkraft B6, B9
Windsog B3, B18
Wirkungslinie B6
Wohngebäude B27, B40

Z
Zange B34
Zapfen B41
Zapfenloch B41
Ziegelmauer B7
Zug B22
Zugband B24
Zugdiagonale B6
Zugkraft B6, B23 f.
Zugstab, Stoß des B26
Zugverankerung B17
Zulässige Bodenpressung A31
Zulässige Spannung A6
Zulässige Stützenlast A22
Zulässige Stützweite A16
Zulässige Tragkraft A23
Zweifelddecke B42
Zweigelenkrahmen aus IPE-Profilen A33
Zweiteilig A28 f.
Zwischenwand A13

WERNER-INGENIEUR-TEXTE

Die Schriftenreihe für Studium und Praxis • Erhältlich im Buchhandel! • Werner-Verlag • Düsseldorf

Becker, G.: **Tragkonstruktionen des Hochbaues – Planen – Entwerfen – Berechnen – Teil 1: Konstruktionsgrundlagen.** WIT Bd. 75. 1983. 324 S., kart. DM 46,80

Berthold, A.: **Grundlagen der Bauvergabe.** WIT Bd. 74. 1983. 132 S., kart. DM 16,80

Falter, B.: **Statikprogramme für Taschen- und Tischrechner – Teil 1:** WIT Bd. 58. 3. Aufl. 1984. 252 S., kart. DM 32,80 – **Teil 2:** WIT Bd. 85. 1984. 204 S., kart. DM 29,80

Fiedler, J.: **Grundlagen der Bahntechnik – Eisenbahnen, S-, U- und Straßenbahnen.** WIT Bd. 38. 2. Aufl. 1980. 348 S., kart. DM 36,80

Fleischmann, H. D.: **Bauorganisation.** WIT Bd. 77. 1983. 144 S., kart. DM 26,80

Friemann, H.: **Schub und Torsion in geraden Stäben.** WIT Bd. 78. 1983. 156 S., kart. DM 28,80

Gelhaus, R./Ehlebracht, H./Gelhaus, H.: **Kleine Ingenieurmathematik – Teil 1:** WIT Bd. 29. 2. Aufl. 1985. 228 S., kart. DM 29,80. **Teil 2:** WIT Bd. 30. 2. Aufl. 1984. 216 S., kart. DM 29,80. **Teil 3:** WIT Bd. 31. 1977. 252 S., kart. DM 24,80

Habeck-Tropfke, H.-H.: **Abwasserbiologie.** WIT Bd. 60. 1980. 272 S., kart. DM 34,80

Herz, R./Schlichter, H. G./Siegener, W.: **Angewandte Statistik für Verkehrs- und Regionalplaner.** WIT Bd. 42. 1976. 276 S., kart. DM 26,80

Himmler, K.: **Kunststoffe im Bauwesen.** WIT Bd. 62. 1981. 300 S., kart. DM 40,80

Kirchner, H.: **Spannbeton – Teil 1:** Bauteile aus Normalbeton mit beschränkter und voller Vorspannung. WIT Bd. 14. 2. Aufl. 1980. 228 S., kart. DM 38,80. **Teil 3:** Berechnungsbeispiele. WIT Bd. 43. 2. Aufl. 1985. 228 S., kart. DM 38,80

Knoblauch, H. F.: **Bauchemie.** WIT Bd. 55. 300 S., kart. DM 36,80

Knublauch, E.: **Einführung in den baulichen Brandschutz.** WIT Bd. 59. 1978. 204 S., kart. DM 28,80

Knublauch, E.: **Einführung in den Schallschutz im Hochbau.** WIT Bd. 64. 1981. 168 S., kart. DM 36,80

Lewenton, G./Werner, E.: **Einführung in den Stahlhochbau.** WIT Bd. 13. 3. Aufl. 1984. 276 S., kart. DM 28,80.

Lohse, G.: **Beispiele für Stabilitätsberechnungen im Stahlbetonbau.** WIT Bd. 66. 1981. 180 S., kart. DM 38,80

Lohse, G.: **Einführung in das Knicken und Kippen mit praktischen Berechnungsbeispielen.** WIT Bd. 76. 1983. 180 S., kart. DM 38,80

Mantscheff, J.: **Einführung in die Baubetriebslehre – Teil 1: Bauvertrags- und Verdingungswesen.** WIT Bd. 23. 3. Aufl. 1985. 300 S., kart. DM 38,80. **Teil 2:** Baumarkt – Bewertungen – Preisermittlung. WIT Bd. 24. 3. Aufl. 1986. 288 S., kart. DM 38,80

Martz, G.: **Einführung in den ökologischen Umweltschutz.** WIT Bd. 47. 1975. 180 S., kart. DM 20,80

Martz, G.: **Siedlungswasserbau – Teil 1: Wasserversorgung.** WIT Bd. 17. 3. Aufl. 1985. 276 S., kart. DM 36,80. **Teil 2: Kanalisation.** WIT Bd. 18. 2. Aufl. 1979. 216 S., kart. DM 28,80. **Teil 3: Klärtechnik.** WIT Bd. 19. 2. Aufl. 1981. 288 S., kart. DM 38,80. **Teil 4: Aufgabensammlung zur Wasserversorgung.** WIT Bd. 72. 1985. 144 S., kart. DM 29,80

Mausbach, H.: **Einführung in die städtebauliche Planung.** WIT Bd. 5. 4. Aufl. 1981. 132 S., kart. DM 17,80

Mensebach, W.: **Straßenverkehrstechnik.** WIT Bd. 45. 2. Aufl. 1983. 312 S., kart. DM 44,80

Muth, W.: **Wasserbau – Landwirtschaftlicher Wasserbau.** WIT Bd. 35. 1974. 240 S., kart. DM 27,80

Pietzsch, W./Rosenheinrich, G.: **Erdbau.** WIT Bd. 79. 1983. 256 S., kart. DM 40,-

Pietzsch, W.: **Straßenplanung.** WIT Bd. 37. 4. Aufl. 1984. 336 S., kart. DM 38,80

Pohl, R./Keil, W./Schumann, U.: **Rechts- und Versicherungsfragen im Baubetrieb.** WIT Bd. 9. 2. Aufl. 1985. 204 S., kart. DM 34,80

Reeker, J./Kraneburg, P.: **Haustechnik – Heizung, Raumlufttechnik.** WIT Bd. 57. 2. Aufl. 1984. 300 S., kart. DM 38,80

Rübener, R. H./Stiegler, W.: **Einführung in Theorie und Praxis der Grundbautechnik – Teil 1:** WIT Bd. 49. 1978. 252 S., kart. DM 30,80. **Teil 2:** WIT Bd. 50. 1981. 336 S., kart. DM 40,80. **Teil 3:** WIT Bd. 67. 1982. 276 S., kart. DM 37,80

Schmitt, O. M.: **Einführung in die Schaltechnik des Betonbaues.** WIT Bd. 65. 1981. 276 S., kart. DM 40,80

Schneider, K.-J. (Hrsg.): **Bautabellen.** WIT Bd. 40. 6. Aufl. 1984. 576 S., geb. DM 46,-

Schneider, K.-J.: **Statisch unbestimmte ebene Stabwerke.** WIT Bd. 3. 1973. 276 S., kart. DM 24,80

Schneider, K.-J./Schweda, E.: **Statisch bestimmte ebene Stabwerke – Teil 1:** WIT Bd. 1. 3. Aufl. 1985. 180 S., kart. DM 32,80. **Teil 2:** WIT Bd. 2. 3. Aufl. 1985. 132 S., kart. DM 26,80

Schröder, W./Euler, G./Schneider, F.: **Grundlagen des Wasserbaus.** WIT Bd. 70. 1982. 312 S., kart. DM 40,80

Schulz, K.: **Sanitäre Haustechnik.** WIT Bd. 61. 1981. 312 S., kart. DM 40,80

Schweda, E.: **Festigkeitslehre.** WIT Bd. 4. 1976. 264 S., kart. DM 30,80

Spaethe, K.: **Das internationale Einheitensystem im Meßwesen.** WIT Bd. 44. 2. Aufl. 1979. 60 S., kart. DM 11,80

Stiegler, W.: **Baugrundlehre für Ingenieure.** WIT Bd. 12. 5. Aufl. 1979. 228 S., kart. DM 28,80

Stiegler, W.: **Erddrucklehre.** WIT Bd. 46. 2. Aufl. 1984. 204 S., kart. DM 46,80

Velske, S.: **Straßenbautechnik.** WIT Bd. 54. 2. Aufl. 1985. 312 S., kart. DM 38,80

Weidemann, H.: **Balkenförmige Stahlbeton- und Spannbetonbrücken – Teil 1:** WIT Bd. 10. 2. Aufl. 1984. 204 S., kart. DM 38,-. **Teil 2:** WIT Bd. 81. 2. Aufl. 1984. 192 S., kart. DM 38,-

Werner, E.: **Tragwerkslehre – Baustatik für Architekten – Teil 1:** WIT Bd. 7. 4. Aufl. 1985. 156 S., kart. DM 26,80. **Teil 2:** WIT Bd. 8. 3. Aufl. 1983. 120 S., kart. DM 19,80

Werner, G.: **Holzbau – Teil 1: Grundlagen.** WIT Bd. 48. 3. Aufl. 1984. 294 S., kart. DM 36,80. **Teil 2: Dach- und Hallentragwerke.** WIT Bd. 53. 2. Aufl. 1982. 324 S., kart. DM 34,80

Wetzell, O. W.: **Programmieren für Bauingenieure – Teil 1: Einführung in die Programmiersprache Fortran.** WIT Bd. 11. 1985. 288 S., kart. DM 38,80. **Teil 2: Beispielsammlung.** WIT Bd. 80. 1986. In Vorbereitung.

Wommelsdorff, O.: **Stahlbetonbau – Teil 1: Biegebeanspruchte Bauteile.** WIT Bd. 15. 5. Aufl. 1982. 324 S., kart. DM 36,80. **Teil 2: Stützen und Sondergebiete des Stahlbetonbaus.** WIT Bd. 16. 4. Aufl. 1986. 288 S., kart. DM 36,80

Xander, K./Enders, H.: **Regelungstechnik mit elektronischen Bauelementen.** WIT Bd. 6. 3. Aufl. 1981. 276 S., kart. DM 38,80

● **Danielowski**, Franz/**Pretzsch**, Alfred
Architekturperspektive
4. Auflage 1982. 112 Seiten 23,5 x 17 cm, gebunden **DM 28,—**
ISBN 3-8041-1330-3

Der Aufbau des Buches entspricht dem Vorgang der Entstehung einer Architekturperspektive. Dabei werden praxisnahe Methoden geometrischer Konstruktionen dargestellt und erläutert. Immer wieder wird besonderer Wert darauf gelegt, die in der täglichen Arbeit auftretenden zeichnerischen Schwierigkeiten durch geeignete konstruktive und rechnerische Verfahren zu überwinden. Für den Praktiker sehr nützlich sind auch Beispiele über fotogrammetrische Rekonstruktionen. Sie dienen besonders der perspektivischen Darstellung von Baulückenschließungen und Anbauten. Die folgenden Abschnitte sind der grafischen Bearbeitung gewidmet. Die verschiedenen Techniken mit Tusche, Bleistift und Kreide sowie Bildmontagen und farbig hinterlegte Zeichnungen auf Klarzellfolie werden in Wort und Bild vorgestellt. Das Buch wendet sich nicht nur an die Studierenden der Hoch- und Fachschulen, sondern auch an die in der Praxis tätigen Architekten, Bautechniker, Ingenieure sowie Zeichner und Grafiker.

● **Fries**, Hermann
Bauabwicklung für Architekten
unter besonderer Berücksichtigung der baurechtlichen Aspekte

1985. 208 Seiten 17 x 24 cm, kartoniert **DM 36,80**
ISBN 3-8041-1555-1

Ein Handbuch für Architekten und andere am Bauprozeß Beteiligte sowie für Studierende. Behandelt werden auf der Grundlage der allgemeinen bau- und planungsrechtlichen Bestimmungen (Stand April 1985) die Zuständigkeiten der am Planungs- und Bauprozeß Beteiligten. Die Bauregeln, aus den einschlägigen Regelwerken zum einzelnen Sachgebiet geordnet, sind soweit auszugsweise oder mit Fundstelle zitiert, daß damit eine schlüssige Beratung des Bauherrn möglich ist und bei der Arbeit am Reißbrett oder auf der Baustelle der Umgang mit den Regelwerken erleichtert wird.

● **Frommhold**, Hanns/**Hasenjäger**, Siegfried
völlig neu bearbeitet von **Fleischmann**, Dieter/**Schneider**, Klaus-Jürgen/**Wormuth**, Rüdiger
Wohnungsbau-Normen
Normen — Verordnungen — Richtlinien

17., völlig neubearbeitete und erweiterte Auflage 1984. 696 Seiten 14,8 x 21 cm, kartoniert **DM 78,—**
ISBN 3-8041-1548-9

Die 17. Auflage wurde neu bearbeitet und erweitert. Sie stellt somit wieder eine umfassende und aktuelle Sammlung der den Hochbau betreffenden Normen dar. Beibehalten wurde die beim Benutzer eingeführte Gliederung nach Sachgebieten. Neben der notwendigen Anpassung des Inhalts an den neuesten Stand der Normung hat das Bearbeiterteam einige zusätzliche Normen aufgenommen. Dabei wurde besonders auf die Verwendbarkeit bei konkreten Problemen der täglichen Praxis geachtet.
Die 17. Auflage enthält zusätzlich eine Reihe wichtiger Verordnungen und Richtlinien: Gesetzliche Vorschriften für den öffentlich geförderten Wohnungsbau; Planungshinweise für den Bau von Altenstätten; bautechnische Hinweise für Hausschutzräume; Neue Wärmeschutzverordnung vom Februar 1982. Eine Reihe der offiziell noch gültigen Normen entspricht nicht mehr dem neuesten Stand der Bautechnik. Diese Normen sind teils unter Berücksichtigung bevorstehender Neuausgaben bearbeitet, ergänzt und mit kritischen Anmerkungen versehen worden.

● **Grube**, Gert-Rainer/**Kutschmar**, Aribert
Bauformen von der Romanik bis zur Gegenwart
1986. 232 Seiten 14,2 x 20 cm, 500 Zeichnungen, gebunden **DM 19,80**
ISBN 3-8041-1763-5

Dieses Buch vermittelt dem Leser baugeschichtliche Kenntnisse und fördert die Fähigkeit, Stilmerkmale zu erkennen, um Bauten architekturgeschichtlichen Perioden zuzuordnen. Es ist kein lückenloses Lexikon architektonischer Fachbegriffe, aber es macht den Leser mit einem Grundvokabular historischer und gegenwärtiger Bauformen vertraut. Über 1400 Sach- und Fachworte werden durch nahezu 500 Zeichnungen erläutert.
Aus dem Inhalt: Vorwort · Der Wandel der Bauformen · Übersicht über die deutsche Baugeschichte · Der Baukörper und seine charakteristischen Details · Die Fassade und ihre charakteristischen Details · Der Innenraum und seine Ausstattung · Sachwortregister · Ortsregister · Weiterführende Literatur.

Erhältlich im Buchhandel! · *Werner-Verlag · Düsseldorf*